上海市高等学校信息技术水平考试参考教材

区块链技术基础与实践

刘百祥　阚海斌　编著

复旦大学出版社

前　言

区块链技术自诞生以来,被誉为"下一代价值互联网",引发了世界主要经济体、商业机构的极大关注。我国对区块链技术在金融、产业互联网以及在政务、民生方面所能起到的革命性作用极为重视,区块链与云计算、大数据、物联网等共同成为中国"新基建"的一个关键而重要的构成部分。

2019年10月24日下午,中共中央政治局就区块链技术发展现状和趋势进行第18次集体学习。习近平总书记在主持学习时强调要把区块链作为核心技术自主创新的重要突破口,明确主攻方向,加大投入力度,着力攻克一批关键核心技术,加快推动区块链技术和产业创新发展,积极推进区块链和经济社会融合发展。习近平总书记的讲话,标志着区块链技术的研发与应用,已正式上升到国家战略层面。

"区块链"的概念最早出现于数字货币比特币,随着各类型加密数字货币进入大众视野,背后的区块链技术开始体现出更大的意义。

作为数字货币基础设施,区块链采用了去中心化的架构设计,由多方共同维护,使用密码学保证传输和访问安全,能够提供数据一致存储、难以篡改、防止抵赖的能力,这样的技术架构也称为分布式账本(distributed ledger technology)。虽然"分布式账本"的名称通常在更正式的场合应用,覆盖含义也更广,但出于使用习惯,本书中使用区块链作为分布式账本系统的同义名称,以下不再逐项说明。

区块链是多种计算机基本理论和技术的融合体,包含编码学、密码学、分布式、共识机制、P2P(peer to peer)网络、编译原理等。其特性可以在不可信的环境中,通过适当的激励来构建信任,降低交流和互信的成本,可以改变、优化现有行业的运行逻辑、规则,是数字经济不可或缺的重要技术。

区块链在中国的发展,离不开多层次的人才支撑,本书将通过介绍区块链的概念、部分基本理论、具体的区块链项目,以及部分实际操作,为希望了解、深入学习区块链技术及其应用的人员提供参考。

在本书的编著过程中,陈泽宁、戴雨浓、丁青云、方宁、贺港龙、浣徐麟、江斌鑫、刘一江、毛子旗、秦琨、秦语晗、唐婷婷、吴剑航、袁和昕、田鹏、沈清等(排名不分先后)参与了编写、代码开发、校对等工作,付出了大量劳动,本书作者向他们表示深深的谢意!

2020年9月

目　录

第1单元

区块链基础知识

§1.1 区块链的概念与定义

区块链的来源

2008 年，一位自称"中本聪"的匿名人士在一个邮件讨论组中发布了自己关于数字货币的设想，这是一篇奠定比特币基础的论文，《比特币：一种点对点的电子现金系统》("Bitcoin：a Peer-to-Peer Electronic Cash System", https://bitcoin.org/bitcoin.pdf)。

在这篇论文中，中本聪(Satoshi Nakamoto)提出比特币这个不依赖于信任的电子交易系统架构，并在文中对这个数据存储的设计使用"block"(块)和"chain"(链)进行描述，首次提及区块链(a chain of blocks)的初步概念。随着大型商业机构与科技企业(如高盛、IBM 等)开始关注此项技术，"block chain"逐步成为行业内认可的对这一技术的标准命名。

在中文的环境中，翻译者最初将其直接翻译为"块链"，后来"区块链"的叫法被逐渐统一并广泛流传，但是也有人认为"数块链"等译法更能准确地表达含义。目前无论是国家级科研机构，还是各级相关的科技企业，都已将"区块链"作为标准的命名方式。

§1.2 区块链的历史与现状

回顾区块链的历史，有若干个重要的发展阶段，本节将介绍几个阶段中重要的进展。

1.2.1 比特币之前的基础研究

区块链是多种计算机基本理论和技术的融合体，包含编码学、密码学、分布式、共识机制、P2P 网络、编译原理等。中本聪在设计比特币时并没有发明全新的技术，而是巧妙地把前人的成果融合在一起。下面简单介绍支撑比特币的一些基础研究，更多的细节介绍请参见后面章节的内容。

在计算机领域广泛应用链式存储的数据，各类链表结构是非常常见的数据结构，而**区块链的数据结构特色**在于：利用哈希函数计算出数据块特征，并利用特征进行关联的链式结构，数据利用数字签名进行保护，利用易于验证的树状数据结构组装数据块。

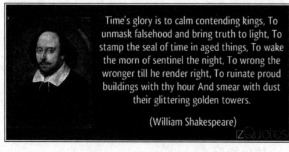

在 Stuart Haber 和 W. Scott Stornetta 于 1991 年发表在 *Journal of Cryptology* 的论文"How to Time-Stamp a Digital Document"中，作者以莎士比亚的名句"To unmask falsehood and bring truth to light，to stamp the seal of time in aged things."(图 1-1)，引出基于哈希函数、数字签名、伪随机数生成器的链式

图 1-1　莎士比亚的名句

时间戳服务设计。文中使用指向前一份文件的链接哈希、顺序号、当前时间、用户标识、文件内容哈希进行签名,形成链式(link)的数据证据,确保文件无法被篡改,时间戳服务真实可信。

随后,Dave Bayer、S. Haber 和 W.S. Stornetta 进一步完善设计、提升效率,定期把需要验证的数据记录组合形成树结构,而验证者只需判断少量信息(treeroot)即可验证树的有效性(the root of each tree is then certified),以上的成果体现在论文"Improving the Efficiency and Reliability of DigitalTime-Stamping"中,文中引用了默克尔树(Merkle tree)结构,随后被比特币使用,作为重要数据结构,也在各类后期区块链系统中频繁出现。

1997 年,S. Haber 和 W.S. Stornetta 又在 *Proceedings of the 4th ACM Conference on Computer and Communications Security* 发表论文"Secure names for bit-strings",在这篇论文中,探讨了利用密码学来标记数字文档、统一资源定位系统(URL)的方法。

上述 3 篇论文都出现在中本聪的论文"Bitcoin:a Peer-to-Peer Electronic Cash System"引用列表中,成为比特币重要的研究基础之一。

值得一提的是,Haber 和 Stornetta 在 1994 年创建了数字时间戳服务公司,现在公司名为"Surety"(http://www.surety.com/)。Surety 公司提供最早的链式时间戳认证服务(linked time-stamping authority),据称是最早的商用区块链服务商。

1997 年,由 A. Back 发明的 Hashcash 作为一种工作量证明(proof-of-work)算法,最初被用于防范垃圾邮件攻击,利用一个消耗 CPU 资源的计算来标记合法邮件,这样在恶意用户大规模滥发垃圾邮件时就需要消耗大量资源,而普通用户发送邮件量较低,就不会遇到算力不足问题。Hashcash 最成功的应用就是比特币的挖矿机制,中本聪在论文中引用了 2002 年发表的"Hashcash —— a denial of service counter-measure"一文。

除了各类数据结构研究以外,早期的一些数字货币研究也给后期的比特币研究提供了基础。例如,W. Dai 在 1998 年的邮件组中所发表的"b-money"(http://www.weidai.com/bmoney.txt),就是一种匿名分布式电子现金系统架构,从某种意义上来说,比特币即为该架构的一个具体项目实现。

另外,由 Nick Sazbo 在 1998 年发表于博客的比特黄金(bit gold)方案,也可以认为是比特币的研究基础之一。

1.2.2 区块链发展阶段

对区块链的发展阶段,使用较多的是 Melanie Swan 在《区块链——新经济蓝图及导读》中提及的 1.0 可编程货币、2.0 可编程金融、3.0 可编程社会 3 个阶段,也有较多不同的解读。本书依照大多数主流看法进行汇总。

一、区块链 1.0:比特币

作为区块链最重要的起源项目,比特币充满各种神秘色彩。其创始人中本聪的日本名字"Satoshi Nakamoto"的含义是"智慧"(Satoshi,さとし)和"本源"(Nakamoto,なかもと)。中本聪留下的注册信息都自称是日裔,但他却从未使用过日语,电子邮件也都使用 tor 网络发送,一直没有露出真实面目。社区对他的身份有诸多猜测,有各种各样的人宣称自己就是中本聪,也有传闻说中本聪是美国国家安全局(NSA)的团队,但都没有确定性的证据能够证实,甚至有人觉得他来自未来或者就干脆是外星人。比特币社区为了纪念中本聪,把比特币的最小单位定义为聪(Satoshi),每聪等于 0.000 000 01 枚比特币。

2008 年 11 月,中本聪在一个密码学论坛发表了最著名的论文《比特币:一种点对点式的电子现金系统》,描述了比特币的架构和机制。2009 年,他发布了比特币项目,并一直在论坛中进行交流,还更新了程序版本。2010 年 12 月 12 日,在比特币被维基解密使用、得到极大关注的情况下,中本聪在比特币论坛发表了最后的意见——"比特币如果能在其他情况下得到这样的关注,那就太好了。维基解密已经捅了马蜂窝,蜂群正在朝我们扑来",之后就再没有公开出现。在 2011 年 4 月 23 日他发给 Mike Hearn 的最后一封邮件中,"我已经开始做其他事了"(in order to be engaged in more important tasks)应该是他最后的痕迹。有玩笑说是中本聪忘记了自己的私钥,所以不太好意思露面了。

在比特币的创世区块中,中本聪留下了这样的内容:"财政大臣正处于实施第二轮银行紧急援助的边缘"(the times 03/jan/2009 chancellor on brink of second bailout for banks)。这句话来自英国《泰晤士报》2009 年 1 月 3 日的头条,带着对现有银行机制的讽刺,比特币开始了改变世界的历程(图 1-2)。

图 1-2 《泰晤士报》2009 年 1 月 3 日头条

2010 年 5 月 21 日产生了比特币第一次严格意义上的交易(指使用比特币作为一种货币兑换有形或无形的商品与服务),一位程序员用 1 万比特币(BTC)购买了 25 美元的披萨优惠券,诞生了第一个交易价格。以此交易的实物价格计算,此时 1 个比特币约合 0.002 5 美元/个;由此比特币的价格开始步入飞速增长额通道。2017 年年末,近 20 000 美元/个达到了比特币至今最高的历史记录。

比特币总量设计为 2 100 万个,每个打包(挖矿)成功的矿工将获得定量的比特币奖励,这个奖励不是固定的,从最初的 50 个,每隔 21 万个区块(大约 4 年),奖励减半,最终奖励将变为 0。由于打包的同时会获得打包交易中的所有手续费,并不需要担心届时无人挖矿。至于为什么总量是 2 100 万个,有很多解读,如计算机精度、黄金储量等。比较合理的分析是:设计设置初始奖励 50,10 分钟一个区块,4 年减半,直至减为 0,自然就得到 2 100 万这个数字$[(365 \times 24 \times 6) \times (50+25+12.5+6.25+\cdots)]$。

随着时间的推移,比特币已经成为经过千万用户验证的现实区块链项目,其数字货币和支付属性也逐渐被用户和机构所认可。大量的仿制、山寨的基于区块链技术的加密货币项目也开始涌现。这个阶段被业界称为"区块链 1.0"时代,主要是关注数字货币职能,以比特币、莱特币等项目为特征。

二、区块链 2.0:以太坊

比特币从设计之初就考虑完全作为去中心化支付系统,其协议的扩展能力与可编程能力相对较弱。随后出现的以太坊(Ethereum)则以智能合约和代币模式崭露头角,进入"区块链 2.0"时代。

创始人 Vitalik Buterin 被誉为"天才神童",国内很多人称呼他为"V 神",不过他自己并不喜欢这个称号。Vitalik 在 17 岁就加入了比特币社区,随后作为联合创始人创建了比特币期刊(*Bitcoin Magazine*)。在 2013 年 Vitalik 发布了以太坊白皮书,吸引了大量志同道合的开发者,启动了以太坊项目。以太坊的理念是实现一个去中心化、无法被掌控的、可以执行智能合约的计算机,简单地说,就是一台无法被关闭的世界计算机。以太坊提供了区块链底层能力和图灵完备的智能合约。**比特币脚本语言不是图灵完备的,具有一定的局限性,它没有循环语句和复杂的条件控制语句。**

2015 年 7 月,团队发布了正式的以太坊网络,并一直进行更新。几个重大的发布版本依次为"Frontier"(前沿)、"Homestead"(家园)、"Metropolis"(大都会)和"Serenity"(宁静)。

以太坊以区块链技术作为基础,加入了密码学和经济刺激手段以保证计算安全性,又增加了对智能合约的支持,因此可以在其基础上创建更多种类的应用。例如,有各种各样的金融合约——从简单的实体资产(黄金、股票)的数字化应用,到一些复杂的金融衍生品应用,面向互联网基础设施的更安全的更新与维护应用,如域名系统服务协议(DNS)和数字认证,不依赖中心化服务提供商的个人线上身份管理应用(因为中心化服务提供商很可能留有某种后门,并借此窥探用户的个人隐私)。

值得一提的是,以太坊提供的代币发行能力,任何个人或组织都可以轻松利用智能合约,在以太坊平台上发行自己的加密数字资产;如果这种资产发行能力用于传统金融领域,将能够大大降低传统金融资产的发行、交易和管理成本。但受投机热潮的影响,尤其是 2017 年至 2018 年间,大量或真或假的项目以首次公开募币(ICO)为名,发行代币资产,使得加密数字资产的投机炒作达到顶峰,而投机泡沫于 2018 年下半年彻底破裂。截至现在,共有数以千计的以太坊代币。另外,以太坊也催生了一系列去中心化应用(DApp)。例如,知名的加密猫以及当前热门开放金融(Defi)应用等。

三、区块链 3.0:融合阶段

随着数字经济的高速发展,个人与机构之间的互动与协作方式正在被迅速改变,而区块链技术的能力正好适于建设数字经济时代金融行业的关键底层基础设施。

区块链将重新构造经济活动中的信任、博弈等多种机制,创造出新的研究方向和主题。例如,加密经济学聚焦在支撑区块链及其衍生应用上的经济学原理和理论,它着眼于区块链机制设计中主要使用到的博弈论和激励设计;制度加密经济学着眼于账本的治理规则,服务于这些账本的社会、政治和经济机构的发展,以及区块链的发明是如何在全社会范围内改变账本模式的。这些新兴的理论充分体现了经济、政治、管理科学等多领域的交叉协作,验证了多学科融合研究的重要性。

同时,区块链与人工智能、大数据、5G、物联网等前沿信息技术的深度融合,将极大地推动集成创新和融合应用,将区块链所提供的多种能力充分体现于产业环境。这个阶段也被称为"区块链 3.0"阶段。

1.2.3 央行数字货币

区块链技术的另一个重要领域在于基于区块链技术发行法定数字货币,或者说发行央行数字货币(CBDC)。全球各个国家的央行及政府对此的态度、积极性以及进展各不相同。

中国在央行数字货币研发中位于国际领先地位。中国人民银行推出的数字货币名为"DCEP",就是基于区块链技术推出的全新加密电子货币体系,现在已经呼之欲出。

思考题

1. 思考区块链的未来发展方向。

2. 对比比特币和以太坊,整理其相同点和不同点。

§1.3　区块链的系统特性

区块链的独特设计带来了系统的独特特性,包括去中心化、不可篡改、匿名性和账本公开、智能合约等。

1.3.1　去中心化

相比传统的中心化系统,区块链是一个去中心化系统。

在一个网络系统或者社会生态中,一个个单独节点分布在系统中,任何一个节点都是相互平等的;节点之间彼此可以自由连接,形成新的连接单元,节点与节点之间通过连接相互影响。这种开放式、扁平化、平等性的系统现象或结构,就是**去中心化系统**。例如,就像微博中人和人的关系,每个人都可以发表自己的看法,可以自由选择看或者不看,也可以进行人和人直接的交流。可以说区块链最重要的"特质"就是去中心化,如何理解去中心化或者衡量一个系统的去中心化程度是一件很困难的事情。以太坊创始人 Vitalik 在一篇文章中用计算机系统的架构、政治、逻辑 3 种标准去衡量系统的去中心化,提出了如下的问题。

(1) **架构层去中心化**:在现实世界中,系统由多少台计算机组成? 多少台计算机崩溃不会影响系统的正常运行?

(2) **政治层去中心化**:有多少人或者组织对组成系统的计算机拥有最终的控制权?

(3) **逻辑层去中心化**:从系统整体来看,它更像是单一的网络设备,还是由无数网络设备组成的集群?

从这 3 个角度出发,以传统公司为例,它在政治上中心化(一位 CEO),在架构上中心化(一个总部),在逻辑上中心化(整个公司像一个节点)而无法分离。区块链在架构上是去中心化的,在网络中拥有足够数量的服务器节点的情况下,任意服务器节点的崩溃并不会影响整个系统的正常运行;在政治层是去中心化的,没有人或者组织可以控制区块链;在逻辑层是中心化的,所有的节点通过共识,使得整个系统运行得像一台计算机。

为什么需要在现实世界引入去中心化,通常有以下 3 个理由。

(1) **容错**:去中心化系统很少会因为某个局部故障而导致整个系统崩溃,因为它依赖很多独立工作、不相互依赖的组件。

(2) **抵抗攻击**:攻击或操纵去中心系统的成本更高,因为它们基本上没有敏感、薄弱的"中心弱点",攻击任意一个节点都不会影响系统,而中心化系统的攻击成本则要低得多,攻击其中心节点将会使整个系统崩溃。

(3) **抵制合谋**:去中心化系统的参与者们很难"勾结"在一起,每个节点都是平行(平等)的,不存在上下级、主从的关系。而对于传统企业和政府而言,它们可能会为了自己的利益"站"在一起,最终损害的是相对难以协调一致的客户、员工等的利益。

由此可见,与中心化系统相比,去中心化的系统拥有更高的系统安全性、交易安全性,交易的时候更加节约资源,其无需第三方介入的特性使得系统更加自主、高效。同样,去中心化系统也有很多弱点,如同步成本高、效率低下等。

1.3.2　不可篡改

不可篡改,顾名思义就是无法随意更改记录的信息。区块链之所以能够在去中心化的同时解决信任问题,最本质的原因是区块链具有不可篡改的特性。不可篡改性是区块链备受关注的特性之一,也是目前应用最广泛的特性。介绍区块链的不可篡改性,就必然要介绍哈希函数与其特殊的数据结构。

一、哈希算法

哈希算法是一种单向密码体制,它可以接受任意长度的输入,并将其映射为一段较短且位数固定的输出散列。例如,常见的 MD5 算法就是一种哈希算法,输入任意长度的信息,产生出一个 128 位(32 字节)的散列值。一个仅包含"Hello World"文本文件的 MD5 计算结果如下:"b10a8db164e0754105b7a99be72e3fe5",文本发生变化后,计算结果会发生变化,因此这串数字可以用来校验文档是否相同。

关于哈希算法需要注意两点:①"任意长度"与"位数固定",即:无论输入内容或长或短,其映射后的输出字符串是统一长度的;②该过程是不可逆的,即:无法通过输出散列倒推出任何与原文有关的信息。此外,哈希函数还有一个十分重要的特性,即:在通常情况下,输入与输出是一一对应的,任何输入信息的改变,哪怕只有一位数字的改变,都将导致输出散列产生巨大差异,并且这种差异无法被预知或分析。在极端情况下,不同输入有可能生成相同的输出散列,这种情况被称为"碰撞",但有目的地寻找两个结果相同的输入是很困难的。哈希函数的特性使其非常适宜应用于保证信息的不可篡改性。在前面的例子中,如果修改了文件内容,产生的 MD5 计算结果就会发生变化。

哈希函数在区块链中的多个方面都得到应用,如比特币地址、脚本地址、工作量证明算法等。通过哈希算法,可以对区块里的所有交易信息进行加密,并把交易内容压缩为较短的定长字符串,该字符串可以唯一、准确地标识一个区块;任何节点对区块头进行哈希计算,即可独立地获取该区块的哈希值。如果交易信息没有变化,则对应的哈希值也不会变化。区块链就是根据这一点来确认区块内容是否发生篡改的。在区块链中通常使用 SHA256 的哈希算法进行区块加密,如比特币,该算法将输入映射生成长度为 32 字节的 16 进制的随机散列。虽然有碰撞的可能性,但 SHA256 具有很强的抗碰撞性,在目前的计算能力下,SHA256 基本上是不可破解的,很难找到"碰撞"结果,不需要担心使用 SHA256 的安全问题。

二、链式数据结构

众所周知,**区块链**实际是"区块"组成的"链",是由包含交易信息的区块之间连接而成的数据结构。区块按照由远到近的顺序,通过密码学方法链接起来,其中每个区块都指向其前一个区块。如图 1-3 所示,区块由区块头和区块体两部分组成,**区块体**用于存储具体的交易信息,**区块头**则由 3 组区块元数据组成。

(1) 一组引用父区块哈希值的数据,用于将该区块与区块链中前一区块相连接。

(2) 一组元数据是挖矿难度、时间戳和随机数:**挖矿难度**决定挖矿节点平均要经过多少次哈希计算才能产生一个合法区块;**时间戳**为区块的生成时间;**随机数**用于工作量证明算法的计算参数(这组元数据主要与挖矿有关,挖矿部分将于本书后续内容进行详细介绍)。

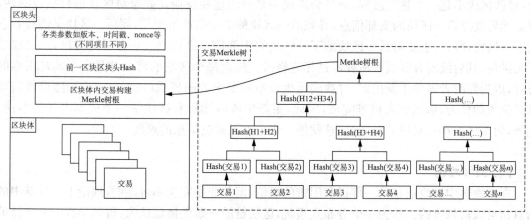

图 1-3　区块数据结构图

（3）默克尔树（Merkel tree）根为当前区块中所有交易按照树形结构生成的 256 位哈希值。对区块链中每个区块头进行 SHA256 哈希计算，可以生成一个哈希值，该哈希值可以唯一标识该区块。网络中的所有节点都在本地维护一个区块链的副本，每当有新区块传入，就会检查该区块头中父区块哈希值，如果父区块哈希值与前一区块区块头的哈希值一致，则认为是合法扩展，就会把此区块添加到区块链的末尾。因此，每个区块都可以根据其区块头中的哈希值索引到它的父区块（前一区块），这样就可以形成链式结构，从当前区块一直追溯到区块链中的第一个区块（创世区块），如图 1-4 所示。

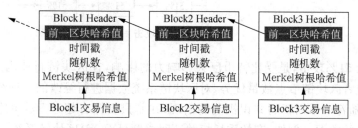

图 1-4　区块间凭借前一区块的哈希值相链接

三、区块链中防篡改的措施

1. 区块体内的不可篡改

区块体是一棵默克尔树，区块中存储的所有交易信息的数据块都以叶子节点形式存在。计算出它们的哈希值，然后将数据块计算的哈希值两两配对（如果是奇数个数的话，最后一个节点自己与自己配对），并用它们的哈希值作为双亲结点，重复该步骤，直到只剩下一个节点，就是根（root）结点。因此，如果区块体中任意一笔交易发生修改，其所在的一整条哈希路径都将受到影响，默克尔树根的哈希值也将产生变化。一旦树根的哈希值产生变化，将会导致区块头的哈希值产生变化，与下一个区块中的区块头内存储该区块的哈希值无法匹配，从而导致下一个区块无法识别该区块，链式结构就无法维持，这样就可以保证区块数据信息的不可篡改。

2. 区块之间的不可篡改

从前面的介绍可以了解，区块头中存储着前一区块的哈希值，该哈希值可以唯一确定前一区块，如果前面的区块被修改了，那么，它的哈希值就会产生变化，其后继区块就无法识别。因此,修改区块不是一个独立过程,而是会造成一系列的连锁反应。如果对区块进行篡改的话,就必然要改掉后一区块的头部信息,导致后一区块的哈希值产生变化,而后一区块又链接着它的下一区块,所以,也要对后一区块的下一区块的头部信息进行修改……以此类推,一旦修改了某区块,其后续所有区块都需要经过相应修改。然而每个区块的修改都是一个非常困难的过程,因为修改者需要重新挖矿,寻找满足生成哈希要求的随机数(nonce)。寻找随机数需要极其强大的算力,单凭个人很难完成,因此,重新生成后续所有区块是一个成本极高的事情。此外,每个区块都有对应的时间戳,这就进一步增加了篡改信息的难度。

四、51%攻击

在区块链中篡改信息是一件极其困难的事情,但并非是完全不可能的,理论上区块链中的信息是可以被修改的。作为一个分布式系统,**区块链的一致性协议**认为:得到半数以上支持的提议将被确定为最终协议。因此,以比特币为例,假如一个人拥有比特币网络中50%以上的算力(不是节点,在实际情况中并非所有节点都有计算能力,故按照算力计算),那么,他就可以用自己的绝对算力优势篡改比特币网络中的数据,建立一条比当前主链更长的链,并将自己篡改后的区块链同步到所有对等节点中,这就是**51%攻击**(图1-5)。

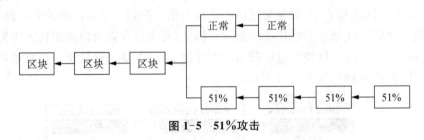

图1-5 51%攻击

这里所说的**51%攻击**,是受比特币巨大影响力的影响,在区块链行业内形成的一种对于利用算力优势或者区块链节点数量优势,对区块链系统数据进行篡改的一种约定俗成的说法。在比特币之后,随着一系列新的共识机制的出现,并非只要拥有超过50%的算力就可以在理论上篡改区块链的数据。例如,有的委托权益证明机制(DPOS)区块链系统,需要掌握超过系统内区块链生产节点2/3及以上,在理论上才有能力篡改区块链数据。为了**统一**对此现象的称呼,本书将其统一称为"51%攻击"。

五、应用场景

区块链不可篡改的特性在多种场景得到广泛的应用,如票据管理、银行结算、产品追溯、文件存证等多领域。区块链电子票据的发明,使票据全程可溯源,既保证了票据的真实性和唯一性,也避免了资源浪费;农产品可以利用区块链证明自己的生产、运输、销售的过程,确保写入区块链的数据真实可信,可以展现完整的产品流转过程;司法存证可以利用区块链将电子证据的内容、产生时间、位置等妥善保护,确保证据的可靠性。

六、不可篡改性带来的挑战

在实际的产业应用中,区块链的不可篡改性也带来一些挑战,如人为失误难以处理、违法消息难以控制、维护成本高昂、互联网信息有"被遗忘权"等。2016年,以太坊遭遇"DAO攻击事件",因合约漏洞造成以太坊数十万加密货币被盗,被盗取的记录被永久保存在区块链上;

2013 年,比特币区块链元数据中被发现嵌入非法色情内容,并且无法消除;2010 年维基解密披露出超过 25 万条外交密电,也以一份 2.5 兆字节文件的形式,嵌入在 130 笔单独的比特币交易中,被记录在区块链上。

如何拓宽区块链不可篡改性的应用,解决其带来的问题,仍然需要广大研究者思考与研究。

1.3.3　匿名性

一、匿名性的定义

在讨论区块链的匿名性之前,首先要明确匿名的定义,即:匿名究竟是什么? 达到匿名的标准是什么? 区块链是符合哪一种匿名的标准?

目前匿名有两种主流的解释:一种是完全隐藏个人身份,在事务处理时不使用任何身份表识(anonymous);第二种是相对的身份隐藏,在事务处理时使用某种标识来代替真实身份,创造一个"假名"或"假身份"来代替自己的真实身份,即非实名(pseudonymous)。

按照第一种解释,区块链是不具有匿名性的,因为在交易中也需要使用身份标识,这个标识难以与真实身份对应,但并非不可能对应。区块链的匿名性是符合第二种解释的匿名性,即通过非实名的方式来达到相对的匿名。与非实名社交网站相类似,每个人可以创建多个网名来代替自己,甚至每次发言或评论都换一个网名(当然很少有人这样做),区块链中每一个组织或个人使用一串无意义的数字来标识自己进行交易,这串数字就是地址,只要用户愿意,他可以生成无数个地址。地址与真实信息在设计上无关联,即:人们无法把地址与现实生活中的身份对应起来。

二、区块链中的匿名技术

从技术角度出发,对于区块链而言,实现完全的匿名十分困难,现有的区块链项目通过不同的设置实现了不同程度的匿名性。

比特币实现的是比较基本的匿名性,就像比特币白皮书中定义的匿名是"pseudonymous"而非"anonymous"。虽然比特币使用非对称加密算法生成地址来进行交易,但是,其区块链网络是完全公开的,其中每一笔交易的详细信息、输入输出地址都是公开且可追溯的,任何人都可以查询到特定地址的所有交易信息、钱包余额。这意味着虽然地址与身份无法对应,但是,可以通过对该地址交易信息的追溯进行推测,从而有可能将地址与真实身份信息对应起来;并且一旦成功,该地址上过去、现在到未来的交易记录都可以关联到地址的真实身份,即该地址上的交易将会变成完全实名的。

在目前主流的匿名货币中,门罗币(Moneroe)、达世币(Dash)、大零币(Zcash)通过不同的方法实现了较强的匿名性。门罗币于 2014 年主网上线,其中"Monero"一词代表"货币",它采用环签名(ring signatures)技术隐藏付款人的地址,保护交易者的信息;通过隐身地址(stealth address)为每个交易生成一次性的隐藏收款人的地址,使得收款方不可被链接;再利用环隐匿交易(ring CT)技术隐藏交易的金额,从而成功地隐匿所有交易的来源、金额和目的地,增强匿名性。达世币是第一个以保护隐私为要旨的数字货币,它在比特币的基础上进行改良,利用其独创的中心化网络服务器"主节点"(masternodes)结合混币技术来混淆交易,从而实现匿名交易。大零币由美国 Electric Coin 公司进行维护,基于零知识证明(zk-SNARK)协议,使得交易可以在不公开具体金额和交易双方地址的情况下得到验证,大零币也可以支持透明的交易,客户可以根据需求选择隐私地址(shield address)或透明地址完成交易。表 1-1 是目前比较主流的匿名币的简介,其中的相关技术会在本书后续章节进行详细介绍。

表 1-1 目前比较主流的匿名币

中文名称	英文名称	特点	主要技术	管理方式
门罗币	Moneroe	隐匿交易来源、金额、目的地	环签名技术、隐身地址、环隐匿交易	社区治理
达世币	Dash	中心化网络服务器"主节点"混淆交易、实现匿名	混币	公司运营
大零币	Zcash	基于零知识证明协议,在不公开交易双方地址和具体金额情况下完成验证	零知识证明协议	公司主导
古灵币	Grin	使用 Mimble Wimble 隐私保护区块格式使得代币互换,从而实现匿名	椭圆曲线算法加密、Mimble Wimble 底层议、Pedersen 承诺方案	社区治理
	Verge	通过 Tor 和 I2P 路由,利用多个匿名网络实现在交易时混淆流量、隐藏用户地址	洋葱网络 I2P 技术	社区治理

三、隐私保护与道德问题

与传统电子交易的实名制交互不同,加密货币使得人们可以在交易的同时实现隐私的保护,它的出现为许多交易场景提供了新的解决方案。在现实生活中,需要开放个人信息去换取资产的确权。例如,你的房产、汽车、商品购买记录都与个人信息绑定在一起。在互联网时代中,难免需要牺牲大量的个人信息以换取便利、高效的服务。"实名制"几乎是如今每个 APP 注册时的必然要求,这一切的背后是用户隐私的丧失与自由的限制,个人还是组织都会产生强烈的隐私顾虑,用户对数据隐私的维护需求与当今互联网对个人数据越来越高的需求形成不可调和矛盾。区块链的匿名性恰好可以解决一些类似的问题,在区块链中不需要中心化的管理、第三方的证明,不再需要证明"你是谁",只需要出示所拥有的支配资产的钥匙(公钥)即可完成交易,充分保障了个人的隐私。然而,任何技术都具有两面性。区块链匿名性在保护用户隐私的同时,也带来了难以监管的问题,暗网数据交易、洗钱、诈骗传销……这些借助加密货币发展起来的黑色产业,为加密货币的发展与扩大蒙上阴影。因此,加密货币的匿名交易目前仍然存在广泛的争议。

除了加密货币,匿名的区块链应用在其他领域也大有作为。例如,基于区块链的匿名社交软件(如 Telegram、WhatsApp),借助匿名社交维护人民的言论自由。此外,匿名投票、艺术品拍卖等隐私需求高的场景,都是区块链匿名性可以优化的方向,但无论是哪个方向,都需要在保障隐私与防范非法活动两个方面同时做出努力,因为自由从来都不是没有边界的。

1.3.4 账本公开性

一、公开账本

从物理上讲,账本可以看作数据管理或存储系统,类似于银行记录的数据库系统。大多区块链项目均使用**分布式公开账本数据库**,它的数据是完全公开和透明的。在区块链中只可以进行数据的读写而不可进行修改与删除,各节点遵循一致性共识确认进行广播的交易和交易发生的次序,从而形成了统一、唯一的全网交易总账本。不同于 Facebook、Google 等传统互联网软件由相关公司掌控全部的用户数据,区块链网络中的每一个节点在本地都可以保存一份完整当前区块链的总账本,记录着从创世区块到当前时刻的所有交易。这样,区块链中所有的交易都是可查询的,大部分区块链项目都提供区块链浏览器,可以用来查询区块链系统运行状态,如 blockchain.info。因此,每个人都知道网络的真实状态,即谁拥有多少个加密代币,发生了什么样的交易。

区块链各种内在功能的结合保证了该体系的准确运作。例如,数字签名技术可以确保参与者的身份,共识算法、加密和奖励机制可以确保账本的唯一性且不可篡改,等等。假如爱丽丝想要向鲍勃发起支付交易,她只需要广播包含她和鲍勃的加密账号(钱包地址)以及交易金额的信息。区块链内部的数字签名机制确保只有拥有必要加密货币的人才能从其钱包/账户进行支出交易。网络上的所有完整节点都可以看到此广播,验证其真实性,如果验证后确认真实,矿工将打包该记录,添加到区块链上,各个节点都会获得更新的账本记录。这种公开透明的分布式记账形式,在一定程度上保障了区块链系统的安全性,使得账本数据可以得到真实、安全的记录。同时,数据公开解决了中心化难以监管、缺乏信任的弊端,将数据的所有权归还给用户,使每个参与其中的用户都成为监管系统数据、维护系统真实可靠性的一员,增强了可信性。

随着区块链在各大领域的广泛应用,简单的公开透明特点已经无法满足用户的需求,由该特性衍生出来的个性化需求应运而生。例如,有些组织要求数据只可以在部分范围内开放,于是诞生了各类私有、联盟链系统。Hyperledger 项目是区块链技术中第一个面向企业应用场景的开源分布式账本平台,由 Linux 基金会在 2015 年 12 月主导发起,成员包括金融、银行、物联网、供应链、制造和科技行业的领头羊。Hyperledger 中支持私有频道和公有频道,**私人频道**用于为网络中的部分成员提供机密的消息传递路径,所有的数据只有频道内的成员可见,从而使得任何需要私人、机密的组织依然可以在保证消息对外保证机密的同时实现组织内的公开透明。

二、公开账本的缺陷

公共账本虽然能够提供防腐败、增强安全性等众多优势,但也存在一些不可忽视的问题。例如,关于容量问题,比特币区块链的工作机制要求记录其网络上曾经发生的每笔交易,如何在维持长期运行的详细历史记录与扩展其未来处理日益增长的交易量的能力需求之间取得平衡,将是比特币可持续发展的巨大挑战。

同样,有人担心维护一个永久记录每笔交易的公共账本也将方便黑客、政府或不法分子跟踪公共记录以及网络参与者的行为,这使区块链参与者的匿名性和隐私受到威胁,而匿名性与隐私保护正是加密货币使用的一个重要方面。实际上,美国安全机构 NSA 已经被指控试图追踪比特币用户。此外,任何基于公共账本的加密货币始终会遭受黑客攻击,出现节点被阻塞、加密货币被窃取、交易平台漏洞被利用等多种威胁,这些问题都亟待完善。

思考题

1. 区块链是如何防止篡改历史记录的? 其防止篡改的基础是什么?
2. 公开账本存在怎样的缺陷?
3. 如何理解区块链的匿名性?
4. 在哪些领域适合结合区块链?

§1.4　区块链的架构类型

区块链从不同的架构层面可以有不同的类型区分,如权限、参与者、数据存储模型等。

一、权限架构

根据权限架构的不同,区块链主要可以分为以下两种类型:

(1) **非许可链**(Permissionless Chain/DLT)。所有的节点和用户无需经过身份验证和授权,如比特币和以太坊系统。

(2) **许可链**(Permissioned Chain/DLT)。参与系统运行的节点必须经过身份标识,参与系统的用户必须经过身份认证和授权。例如,为金融行业专门服务的平台 Corda 即为需许可模式的系统。

二、组织架构

与权限架构的区分相区别,可以根据参与组织的不同特点,将区块链分为以下 3 类:

(1) **公有**(Public Chain/DLT)。所有用户均可参与系统行为,无需任何授权,即被称为公有账本,与非许可链的定义相仿。例如,现在的主流区块链系统(比特币、以太坊)均为公有链系统,通常因为开放权限设计影响设计和性能。

(2) **私有**(Private Chain/DLT)。通常多为大型企业、组织使用,用户均为内部用户,通过中心化控制的组织对所有参与用户进行权限管控,与许可链的定义相仿。

(3) **联盟/行业**(Alliance Chain/DLT)。通常参与的用户为银行、保险、证券、商业协会、集团企业及上下游企业的一份子,权限由行业协会等联盟管理组织进行管理,只服务于少量用户。与私有链相比,权限更加严格。

三、体系架构

区块链在不同的系统中有不同类型的实现,以下是现在常见的设计:

(1) **块链式结构**(Blockchain)。数据以块式存储,数据块通过 Hash 方式串联,也是最常见的区块链系统。

(2) **有向无环图**(Directed Acyclic Graph, DAG)。有向图由点和存在方向的边构成。有向无环图无法从某个顶点出发经过若干条边回到该点,是区块链的另一种重要实现。

(3) **Corda**。Corda 系统的实现更接近于一个去中心化的数据库,为金融业专门设计,但同样具备分布式、点对点网络、数据加密验证、共识机制等特性。

思考题

1. 调研当前流行的各种区块链系统的分布式账本架构类型。

§1.5　区块链的系统架构

区块链的系统架构从整体上可划分为数据层、网络层、共识层、智能合约层和应用层 5 个层次,如图 1-6 所示。

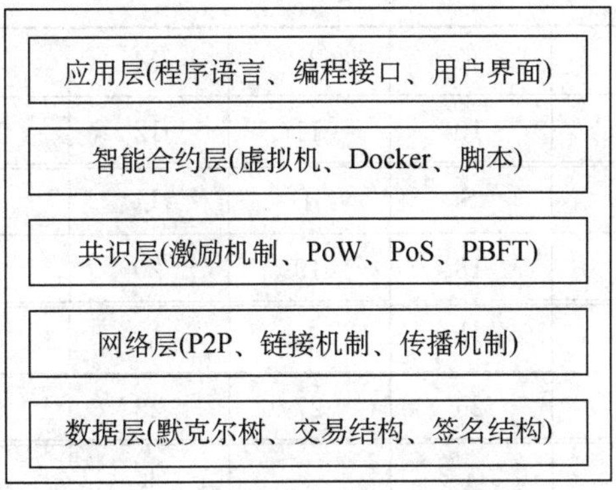

图 1-6　区块链的系统架构

（1）数据层采用合适的数据结构和底层数据库对交易、区块进行组织和存储管理，针对不同的需求提供更强的数据访问能力。例如，以太坊可以选用 LevelDB 或者 CouchDB。

（2）网络层采用 P2P 协议完成节点间交易、区块数据的传输，处理节点之间相互发现。

（3）共识层决定共识算法和激励机制，解决分布式一致性问题，通过一定的经济模型设计，提升参与者意愿，防止恶意攻击。

（4）智能合约层通过构建合适的智能合约编译和运行服务框架，使得开发者能够发起交易及创建、存储和调用合约，包括合约的开发语言、运行环境、安全框架等。

（5）应用层提供用户可编程接口，允许用户自定义、发起和执行合约，允许其他系统能够和区块链进行交互，提供"区块链＋"的能力。

§1.6　区块链的相关编码和密码知识

1.6.1　区块链相关编码

在计算机中，所有的数据都被表示成二进制的 0 和 1，其中一个重要的原因是因为存储和处理二进制数据在技术上更容易实现。但是，随着网络的发展，大量的数据已经通过网络方式进行传输，为了更加简洁地表示这些数据，在实际中通常使用十六进制来表示。例如，比特币系统中的地址就是使用十六进制数来表示的。以下介绍 Base64 编码、Base58 编码和 Base58Check 这 3 种比较常见的编码格式。

一、Base64 编码

Base64 编码简单来说就是使用 64 个字符来进行编码，它的字母表如表 1-2 所示。Base64 编码主要用于表示、存储和传输二进制数据，如电子邮件中的附件等，还可以用于加密简单的数据。

表 1-2　Base64 编码字母表

字符	A	B	C	D	E	F	G	H
数值	0	1	2	3	4	5	6	7

(续表)

字符	I	J	K	L	M	N	O	P
数值	8	9	10	11	12	13	14	15
字符	Q	R	S	T	U	V	W	X
数值	16	17	18	19	20	21	22	23
字符	Y	Z	a	b	c	d	e	f
数值	24	25	26	27	28	29	30	31
字符	g	h	i	j	k	l	m	n
数值	32	33	34	35	36	37	38	39
字符	o	p	q	r	s	t	u	v
数值	40	41	42	43	44	45	46	47
字符	w	x	y	z	0	1	2	3
数值	48	49	50	51	52	53	54	55
字符	4	5	6	7	8	9	+	/
数值	56	57	58	59	60	61	62	63

对于要进行 Base64 编码的文本，首先，将每个字符转化为 ASCII 码所代表的 8 位二进制数据。然后，对该二进制数据进行分组，每组 3 个字节（即 24bit），不足 3 个字节在后面补 0。再将每组的 24bit 作进一步划分，每组 6bit，共 4 组。这样每组 6bit 都可以对应到上述编码表中的具体某个字符，从而实现了 Base64 编码。

二、Base58 编码

在比特币和其他加密货币系统中，使用的是 Base64 编码的一个变种——Base58 编码。Base58 编码也是一种基于文本的编码格式，它只使用了 58 个字符来进行编码。Base58 的字母表如下所示：

123456789ABCDEFGHJKLMNPQRSTUVWXYZabcdefghijkmnopqrstuvwxyz 可以看到，Base58 编码中去掉了 Base64 编码中容易引起混淆和转义的字符，这些符号在打印、阅读和互联网上转发时可能造成歧义，具体包括：大写字母"I"（"i"的大写）和小写字母"l"（"L"的小写）、大写字母"O"和数字"0"以及运算符"＋"和"/"。

下面通过一个例子来介绍 Base58 编码的具体过程。

假设原始数据为"LOS"。

用 ASCII 码（0~255）表示为"76 79 83"。

将此 ASCII 码表示的 256 进制数转化为十进制数：

$$76 \times 256^2 + 79 \times 256 + 83 = 5001043$$

转换为 58 进制数后，可以表示为"25 36 36 51"，

$$25 \times 58^3 + 36 \times 58^2 + 36 \times 58 + 51 = 5001043$$

对照 Base58 字母表,可知最终编码后的结果为"Sddt"。

需要注意的是,在不同的应用中,Base58 编码所使用的字母表通常是不同的。例如,在比特币地址中使用的 Base58 字母表如下所示:

123456789ABCDEFGHJKLMNPQRSTUVWXYZabcdefghijkmnopqrstuvwxyz

Ripple 地址使用的 Base58 字母表如下所示:

rpshnaf39wBUDNEGHJKLM4PQRST7VWXYZ2bcdeCg65jkm8oFqi1tuvAxyz

而 Flickr 的短 URL 使用的 Base58 字母表则表示如下:

123456789abcdefghijkmnopqrstuvwxyzABCDEFGHJKLMNPQRSTUVWXYZ

三、Base58Check

在比特币系统中使用了 Base58 编码算法的改进版本——Base58Check,主要是为了解决 Base58 编码没有错误校验机制的问题,增强了传输数据的安全性。在将数据(有效载荷)转换成 Base58Check 格式之前,首先,需要对其添加一个字节的版本前缀,用于标识该数据的类型。例如,比特币地址的版本前缀为"0x00"("0x"表示 16 进制数),比特币私钥的版本前缀为"0x80"。然后,计算待编码数据的 hash 值,通常只要取前 4 个字节作为校验和,将其添加到待编码数据的尾部。最后,利用 Base58 算法对其整体进行编码即可。

在比特币系统中使用 Base58Check 编码的具体流程如图 1-7 所示。

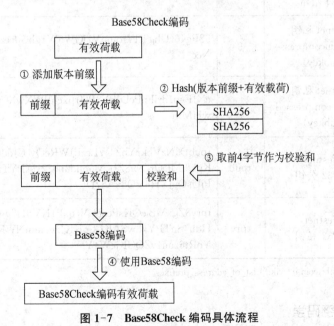

图 1-7　Base58Check 编码具体流程

(译自 *Mastering Bitcoin*,Chapter 4,"Keys,Addresses")

在比特币中,存在很多以 Base58Check 编码的数据,通过版本前缀可以识别出数据类型,如表 1-3 所示。

表 1-3　通过版本前缀识别 Base58Check 编码数据

版本前缀（Hex）	种类	Base58 前缀	示例
0x00	公钥地址（P2PKH address）	1	17VZNX1SN5NtKa8UQFxwQbFeFc3iqRYhem
0x05	脚本地址（P2SH address）	3	3EktnHQD7RiAE6uzMj2ZifT9YgRrkSgzQX
0x80	私钥（WIF，未压缩公钥）	5	5Hwgr3u458GLafKBgxtssHSPqJnYoGrSzgQsPwLFhLNYskDPyyA
0x80	私钥（WIF，压缩公钥）	K or L	L1aW4aubDFB7yfras2S1mN3bqg9nwySY8nkoLmJebSLD5BWv3ENZ
0488B21E	BIP32 公钥	xpub	xpub661MyMwAqRbcEYS8w7XLSVeEsBXy79zSzH1J8vCdxAZningWLdN3zgtU6LBpB85b3D2yc8sfvZU521AAwdZafEz7mnzBBsz4wKY5e4cp9LB
0488ADE4	BIP32 私钥	xprv	xprv9s21ZrQH143K24Mfq5zL5MhWK9hUhhGbd45hLXo2Pq2oqzMMo63oStZzF93Y5wvzdUayhgkkFoicQZcP3y52uPPxFnfoLZB21Teqt1VvEHx
6F	Testnet 公钥哈希	m or n	mipcBbFg9gMiCh81Kj8tqqdgoZub1ZJRfn
C4	Testnet 脚本哈希	2	2MzQwSSnBHWHqSAqtTVQ6v47XtaisrJa1Vc
EF	Testnet 私钥（WIF，uncompressed pubkey）	9	92Pg46rUhgTT7romnV7iGW6W1gbGdeezqdbJCzShkCsYNzyyNcc
EF	Testnet 私钥（WIF，compressed pubkey）	c	cNJFgo1driFnPcBdBX8BrJrpxchBWXwXCvNH5SoSkdcF6JXXwHMm
043587CF	Testnet BIP32 公钥	tpub	tpubD6NzVbkrYhZ4WLczPJWReQycCJdd6YVWXubbVUFnJ5KgU5MDQrD998ZJLNGbhd2pq7ZtDiPYTfJ7iBenLVQpYgSQqPjUsQeJXH8VQ8xA67D
04358394	Testnet BIP32 私钥	tprv	tprv8ZgxMBicQKsPcsbCVeqqF1KVdH7gwDJbxbzpCxDUsoXHdb6SnTPYxdwSAKDC6KKJzv7khnNWRAJQsRA8BBQyiSfYnRt6zuu4vZQGKjeW4YF

注：引自 https://en.bitcoin.it/wiki/List_of_address_prefixes。

1.6.2　公钥密码学

一、密码学发展背景

人类早在几千年以前就已经开始使用密码，只不过那时候的密码比较简单，没有严格的数学推导与证明。根据相关文献记载，在古希腊时代就已经有将文字转换成密文的事例，如大家熟知的斯巴达密码棒(Scytale of Sparta)以及古罗马的凯撒密码(Caesar Cipher)等。

　　早期的密码学(20 世纪 80 年代以前)只在军事和各国的智囊机构中使用,为国家传递秘密的军事信息。随着全球计算机的普及,以及计算机网络的飞速发展,如今的密码学不仅用于军事,还广泛应用于人们的日常生活中,小到一个软件账号,大到个人银行账户,都需要运用密码学的技术来保证个人信息的安全。

　　密码技术按照加解密所使用的密钥(key)是否相同,可分为**私钥密码学(对称密码学)**和**公钥密码学(非对称密码学)**。前者加解密所使用的密钥是相同的;后者加解密所使用的密钥是不相同的,包括一个公钥和一个私钥。

　　在使用对称密钥加密的情况下,双方共享一些秘密信息,当他们希望安全地通信时,就可以使用密钥来进行通信。具体来说,发送方使用密钥来加密消息,接收方收到后使用相同的密钥解密,从而得到原始的消息内容。消息本身称为**明文**(plaintext),经过加密之后的消息称为**密文**(ciphertext),加密过程如图 1-8 所示。

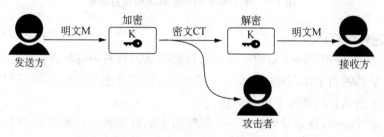

图 1-8　对称密钥加解密基本流程

　　传统的密码学只使用单密钥密码体制,其主要作用是确保消息的机密性,一般不提供消息的认证性,而且通信双方必须共享相同的密钥,才可以实现保密通信。而在以互联网为信息传输基础的现代社会中,通信双方可能是互不相识的,通信前无法共享(传递)密钥。如果采用对称密码体制来保护秘密信息,一方面,需要协商共享的密钥,另一方面,需要验证消息的可信性以及发送方的身份,这些都是难以完成的。

　　为了解决这些问题,1976 年,Diffie 和 Hellman 发表了"New directions in cryptography"一文,首次提出了公钥密码的概念,开创了现代密码学的新领域,标志着公钥密码学的开端。所谓**公钥密码体制**(Public Key Cryptosystem,PKC),就是将加密密钥和解密密钥分开,公开加密密钥,保密解密密钥。每个用户都拥有两个密钥:公开密钥(加密密钥)和保密密钥(解密密钥),并且所有的公开密钥都被记录在一个特定的地方。通过公开的密钥无法计算出私钥,因此私钥是安全的。

　　发送方爱丽丝用接收方鲍勃的公钥对明文进行加密,鲍勃收到密文后再用自己的私钥进行解密。同时,为了保证密文的完整性和消息来源的准确性,还需要对密文进行数字签名。爱丽丝对密文用自己的私钥进行再次加密,此过程称为**数字签名**;鲍勃接收到密文后用爱丽丝的公钥进行解密,此过程叫**验签**。因此公钥密码体制可以分为两个模型:**加密解密模型**和**签名验签模型**,如图 1-9 所示。按照实际的应用场景,这两个模型既可以独立使用,也可以结合使用。在一般情况下,发送的密文都是需要进行数字签名的,发送的内容包括密文和签名两个部分。接收方先进行验签,验签通过后,再进行解密。公钥密码体制是一次革命性的变革,突破了原有的密码体制模式,解决了传统密码体制的两大难题——密钥分配和数字签名。

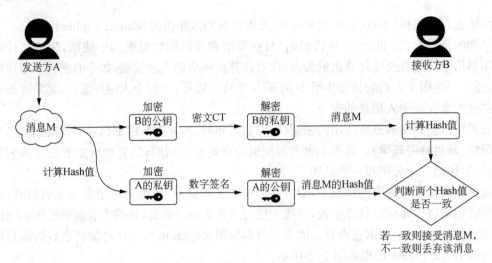

图 1-9   非对称密钥加密解密和签名验签

二、公钥密码学简介

如前一节所述,公钥密码体制的出现标志着密码学领域的一场革命。在此之前,密码学家们完全依靠共享的密钥来实现秘密通信。与之相反,公钥加密算法使得通信双方可以在事先没有共享任何秘密信息的情况下进行通信。

在对称加密算法中,通信双方共享一个同时用于加密和解密的密钥 k,并且这个密钥可供通信中的任何一方使用。在公钥加密算法中,接收方产生一对密钥(pk, sk),分别称为公钥和私钥。发送方用接收方的公钥 pk 对消息进行加密,然后发送给接收方,接收方用自己的私钥 sk 对接收到的密文进行解密,从而得到最终的消息。

既然使用公钥加密算法的通信双方必须事先共享密钥,那么,发送方又如何获得接收方的公钥 pk 呢? 从抽象层面上来说,主要有以下两种方式:

第一种情况,假定发送方为爱丽丝,接收方为鲍勃。如果鲍勃知道爱丽丝想与他通信,则鲍勃会产生他的公私钥对(pk, sk),然后,将公钥 pk 以明文的形式发送给爱丽丝,爱丽丝就能用 pk 来加密她要发送的消息。这里需要强调的是,爱丽丝与鲍勃的通信信道可能是公开的,但假设它是安全的,即攻击者无法修改鲍勃发送给爱丽丝的公钥(尤其是攻击者不能用自己产生的密钥来替换),这个问题可以使用数字签名来解决。

第二种情况,先让鲍勃提前产生他的公私钥对(pk, sk),此时,鲍勃不必知道爱丽丝想要和他进行通信,甚至都不需要知道爱丽丝的存在。鲍勃向全网公开他的公钥 pk 之后,任何想与鲍勃进行秘密通信的人都可以查到鲍勃的公钥,然后用该公钥对消息进行加密。在所有与鲍勃的通信中,不同的发送方可以使用相同的公钥 pk 与鲍勃进行多次秘密通信。

在上述两种情况中,公钥 pk 本来就是公开的,并且很容易被攻击者获得。在第一种情况下,攻击者通过窃取爱丽丝与鲍勃的通信,从爱丽丝发送给鲍勃的第一个消息中就可以很容易地获得 pk;在第二种情况下,攻击者自己就能查到鲍勃提供的公钥。因此,公钥加密算法的安全性并不依赖于公钥 pk 的安全性,而是依赖于私钥 sk 的安全性。

公钥加密算法的原理不同于对称加密的简单置换或替换,而是一些基于数学难题、复杂数学函数。公钥密码体制所依据的数学难题一般可以分为 3 类:

(1) **大整数的因式分解类**。这类算法最突出的代表就是 RSA 算法,它是由 Rivest、

Shamir 和 Adleman 3 人共同提出的第一个实用的公钥密码体制,也是目前最为广泛应用的公钥加密算法。

(2) **离散对数类**(Discrete Logarithm,DL)。有不少算法都基于有限域内的离散对数问题,最典型的例子包括 Diffie-Hellman 密钥交换协议、Elgamal 加密或数字签名算法(DSA)。

(3) **椭圆曲线类**。离散对数算法的一个推广就是椭圆曲线加密方案。典型的例子有椭圆曲线 Diffie-Hellman 密钥交换(ECDH)和椭圆曲线数字签名算法(ECDSA)。

区块链中所使用的公钥加密算法就是椭圆曲线算法,每个用户都利用椭圆曲线加密算法生成公私钥,用户可以用自己的私钥对交易信息进行签名,同时,别的用户可以利用签名用户的公钥对签名进行验证。在比特币系统中,用户的公钥也被用来标识不同的用户、构造用户的比特币地址。以下介绍区块链中所涉及的椭圆曲线加密算法以及常见的数字签名算法。

三、椭圆曲线密码学

1. 椭圆曲线密码学

椭圆曲线密码学(Elliptic Curve Cryptography,ECC)是一套关于加解密数据和交换密钥的算法,由 Neal Koblitz 和 Victor Miller 分别于 1985 年独立提出。与因式分解不同,基于目前已知的数学方法,还无法找到一个有效的算法来求解椭圆曲线离散对数问题,因此,椭圆曲线密码学系统比 RSA 和 Diffie-Hellman 更加难以攻破。为了更加直观地理解攻破的难度,密码学家 Lenstra 引入了"全球安全"(Global Security)的概念。这是一种对密码学的碳排放量的衡量,即:将破解一个加密算法所需的能量和该能量可以煮沸的水量进行对比,通过这种对比,假设破解一个 228 字节的 RSA 密钥所需的能量少于煮沸一勺水的能量,破解相同长度的椭圆曲线密钥所需的能量却足够煮沸地球上所有的水。因此,使用椭圆曲线加密算法,可以利用更少的资源来获得相同甚至更高的安全强度,这一点是非常重要的。尤其是在如今这个移动互联网时代,密码学算法被越来越广泛地应用在小型设备(如手机)中。RSA 的安全性虽然可以通过增加密钥长度来保证,但是牺牲了客户端的性能,而椭圆曲线密码学则可以在使用简短的密钥同时保证高安全性。

目前,以椭圆曲线为基础的加密算法的应用范围越来越广,不仅在比特币、以太坊、EOS等加密货币中广泛使用,还有很多其他的应用领域。例如,美国政府使用 ECC 来加密内部通讯;苹果公司使用 ECC 来对 iMessage 进行签名服务;ECC 也是实现 SSL/TLS 协议认证安全网页浏览的首选方法,越来越多的网站使用 ECC 来支持完善前向保密(perfect forward secrecy)协议,而该协议对网络隐私来说是至关重要的。可以看到,虽然第一代密码学算法(如 RSA 和 Diffie-Hellman)在很多领域仍然是行业标准,但 ECC 正在快速成为网络隐私与安全的首选解决方案。

2. 椭圆曲线的定义

椭圆曲线一般可以定义为如下的二元三次方程 $E(a,b)$:

$$y^2 \equiv x^3 + ax + b$$

其中,a,b 为系数。

椭圆曲线的一般形状如图 1-10 所示。

椭圆曲线上的相关运算主要分为相同点相加和不同点相加两种。

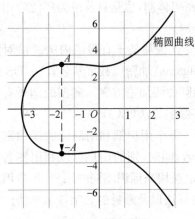

图 1-10 椭圆曲线

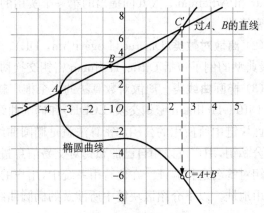

图 1-11 不同点相加

（1）**不同点相加**运算。例如，计算 $A+B$，其中，A 和 B 为椭圆曲线上的不同点。计算原理为过 A、B 两点做一条直线 L，与椭圆曲线相交于第三点 C'，该点关于 x 轴的对称点 C 即定义为 $A+B$，如图 1-11 所示。

（2）**相同点相加**运算。例如，计算 $A+A$，A 为椭圆曲线上的一点。计算原理为作椭圆曲

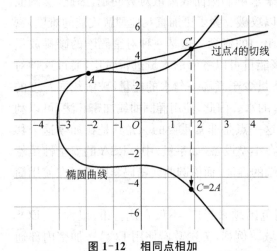

图 1-12 相同点相加

线在 A 点的切线，设与椭圆曲线的交点为 C'，将 C' 关于 x 轴对称位置的点 C 定义为 $A+A$（即 $2A$），如图 1-12 所示。

最后，将椭圆曲线上的点 A 关于 x 轴的对称点定义为 $-A$，即椭圆曲线的**取反**运算。

有了上述定义，就可以通过根据给定的椭圆曲线上的某一点 P，很快地求出 $2P$，$3P$（即 $P+2P$），$4P$，$\cdots$，nP。

另一方面，假设 $P=kG$，可知 P，$G \in E(a,b)$，即：P 和 G 都是椭圆曲线 $E(a,b)$ 上的点，其中，G 也被称为**基点**。可以看到，对于给定的 k 和 G，计算 P 是非常容易的。但是反过来，给定 P 和 G，计算 k 却是相当困难的，这就是椭圆曲线中的离散对数问题。

正因为如此，可以将 P 作为公钥在网络中公开；而 k 作为私钥，需要秘密保管，因为通过公钥来破解私钥是非常困难的。

3. **椭圆曲线加密算法**

比特币中使用的椭圆曲线加密算法采用了由 Secp256k1 标准所定义的一种特殊的椭圆曲线和一系列数学常数，其中，"Sec"是"Standards for Efficient Cryptography"的简写，"p"表示有限域参数 p，"256"代表 p 的位数，而"k"则代表椭圆曲线加密算法的发明人 Koblitz，在这里指的是一类曲线，这一类曲线的参数是经过挑选而得到的，最后的"1"表示序号。Secp256k1 标准是由美国国家标准与技术研究院（NIST）设立的，在该标准下定义的椭圆曲线函数为

$$y^2 \equiv x^3 + 7 \bmod p$$

其中，p 为素数，且

$$p = 2^{256} - 2^{32} - 2^9 - 2^8 - 2^7 - 2^6 - 2^4 - 1$$

Secp256k1 是基于有限域上的椭圆曲线，由于其构造的特殊性，使得其优化后的实现可以比其他曲线的性能高 30%，这在移动端等小型设备上是非常重要的。它还具有以下两个明显的优点：

（1）占用很少的带宽和存储资源，密钥的长度很短；

（2）所有的用户都可以使用同样的操作完成域运算。

因此，Secp256k1 是一类比较安全且高效的椭圆曲线。

除 Secp256k1 外，还有很多不同参数的椭圆曲线算法，如 Prime256v1、Secp256r1、Nistp256 等。

四、数字签名

1. 数字签名简介

签名在日常生活中很常见，它的作用简单来说就是证明某个文件上的内容确实是签名者所写的或签名者所认同的。由于每个人的笔迹都是独一无二的，因此，别人不能冒充签名者的签名，即签名具有**不可伪造性**；同时，又因为每个人的笔迹都有其固定的特征，因此，签名者也无法对其签名抵赖，即签名具有**不可抵赖性**。正是由于这两个特性，签名在日常生活中被广泛承认，如签合同、写借条等。

数字签名的作用与手写签名类似，保证每个用户都可以对消息进行验证，确保消息的确来自声称产生该消息的人。同时，数字签名也能验证消息的完整性，数字签名通常采用特定的 hash 函数，对不同文件产生的数字摘要也是不同的，因此，可以防止消息在传播途中被第三方恶意篡改。

数字签名的基本过程如图 1-13 所示。

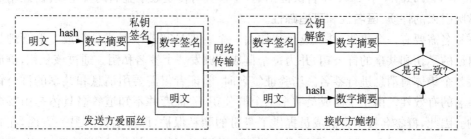

图 1-13　数字签名的基本过程

假设发送方为爱丽丝，接收方为鲍勃。

对于发送方爱丽丝而言，首先，对明文 M 进行 hash 运算，得到相应的数字摘要 D。然后，用自己的私钥 sk_A 对其进行签名，即可得到对该明文的数字签名 S。最后，爱丽丝将明文 M 和数字签名 S 一起发送给鲍勃。

对于接收方鲍勃而言，首先，使用爱丽丝的公钥 pk_A 对数字签名 S 进行验签，即解密得到消息对应的数字摘要 D。然后，对接收到的明文 M' 进行相同的 $hash$ 运算，得到数字摘要 D'。最后，比较两组摘要是否一致，若一致，则可认为此消息确实是由爱丽丝发送的，并且在传输过程中没有被篡改过；否则，鲍勃将丢弃此消息。

数字签名方案有很多，其分类标准也不唯一，常见的主流数字签名算法有 RSA 签名算法、Elgamal 签名算法、DSA 签名算法和 ECDSA 签名算法等，还有其他适用于特定场景下的具有不同性质的数字签名方案，如群签名、环签名和盲签名等。在这些数字签名算法中，椭圆曲线数字签名（ECDSA）算法是区块链中使用最多的数字签名算法。

2. 椭圆曲线数字签名算法

椭圆曲线数字签名算法是椭圆曲线密码学（ECC）和数字签名算法（DSA）的结合，可以看是 DSA 在椭圆曲线群上的推广。与基于整数因式分解的 RSA 和基于离散对数问题的 DSA 相比，ECDSA 在计算数字签名时所需的公钥长度可以大幅减少。例如，密钥长度在 $160 \sim 256$ 位之间的椭圆曲线提供的安全性与 $1\,024 \sim 3\,072$ 位的 RSA 或 DL 方案提供的安全性相当。因此，ECDSA 于 1999 年成为 ANSI 标准，并于 2000 年成为 IEEE 和 NIST 标准。

ECDSA 的数字签名过程与 DSA 类似。以下同样以爱丽丝和鲍勃为例，简单介绍 ECDSA 的运行流程：

（1）假设爱丽丝要给鲍勃发送一个经过数字签名的消息。首先，系统会初始化一组公共参数用于数字签名的生成与验证。

（2）然后，爱丽丝需要创建一对公私钥。

（3）接下来，爱丽丝就可以使用自己的私钥来计算消息 x 的签名，对消息 x 签名后，连同 x 一起发送给鲍勃。

（4）对于接收方鲍勃，在收到爱丽丝发送来的经过数字签名的消息之后，使用 ECDSA 算法对其进行验证。

3. 群签名

随着网络的发展，几乎所有的信息都可以通过网络进行传输。一方面，人们享受着网络带来的便捷；另一方面，人们对于个人隐私信息保护的需求也日益增加，单纯的数字签名技术逐渐不能满足这种需求。于是，**群签名**技术作为一种特殊的数字签名技术应运而生。它是由 Chaum 和 Van Heyst 于 1991 年首次提出的，不仅具有传统数字签名的安全属性，还增加了两个非常吸引人的性质：**匿名性**和**可追踪性**。

群签名需要有一个集体，并且这个集体由一个管理员和若干群成员组成。群管理员负责生成自己的私钥和共享的群公钥，并为每个群成员颁发一个签名私钥。通过该私钥，群成员可以代表整个集体对消息进行签名。当验证签名时，验证者仅需要用消息和共享的群公钥就能验证签名的有效性。由于全体成员共享一个群公钥，验证者并不知道签名具体是由哪个成员生成的。因此，群签名技术为群成员提供了身份的隐私保护，即匿名性。另一方面，在必要的情况下（如出现法律纠纷或发生争议时），群管理员可以用他的部分私钥（追踪私钥）来追踪签名具体是由哪个成员生成的。

从上面的描述中可以看到，群签名不仅进一步丰富了数字签名的内容，还实现了两个看似矛盾的安全性质，使它能同时满足安全认证和隐私保护的要求。因此，群签名方案被广泛地应用到诸如匿名认证、车联网系统、电子投票和电子投标等场景中。

4. 环签名

在选举、举报、电子支付等要求对用户的身份等隐私敏感信息保密的需求下，Rivest、Shamir 和 Tauman 这 3 位密码学家于 2001 年首次提出了**环签名**的概念，因其签名过程中参数 $C_i (i = 1, 2, \cdots, n)$ 根据一定的规则首尾相接组成环状而得名。环签名可以看作一种类群签名，但它没有群管理员这一权力中心的存在，并且它对签名者是无条件匿名的。环签名的基本属性包括**无条件匿名性**、**自发性**和**群特性**。

为了更好地理解环签名的性质,他们在论文中讲述了一个内阁成员举报总统的故事:假设鲍勃是一名内阁成员,他想向外界举报总统的不法行为,为了安全起见,鲍勃必须是匿名举报。但是,为了使记者相信这一秘密确实是来自一个内阁成员,鲍勃必须证明其内阁身份,以确保这个秘密的可信度。显然,鲍勃不能使用前面介绍的那些主流数字签名算法直接将秘密发送给记者,因为虽然这样可以证明其内阁身份,但是也将鲍勃自己的身份暴露了。此外,鲍勃也不能使用前面介绍的群签名技术,因为使用群签名就意味着完成签名需要其他内阁人员的协助,并且管理员就可以追踪到鲍勃的真实身份,管理员的立场也是无法确定的。这种情况就可以使用环签名。鲍勃使用环签名将秘密发送给记者,由于环中包含每一个内阁成员,环签名上包含所有环成员的身份信息。无论是记者还是其他人都可以根据公开的环签名信息来验证该消息确实是出自一名内阁成员,但是无法确定具体是哪一位内阁成员。通过这种巧妙的方法,既隐藏了举报人的真实身份,也保证了消息的权威性。

5. 盲签名

盲签名的概念由 Chaum 于 1982 年首次提出。简单来说,**盲签名**就是指签名过程对签名者而言是“盲”(不可见)的。在日常生活中,很多情况下消息的所有者并不希望签名者知道消息的真实内容。由于所有者想在不泄露消息内容的情况下保存消息的有效签名,因此,他将处理过的消息传递给签名者。通常采用的处理方法就是利用 hash 变换,也称之为**盲化**。盲签名的过程可理解为签名者在一张被复写纸盖着并封装在信封中的纸上签名,签名者要隔着信封签名,但是他看不到纸上的内容。签完名后,签名者将信封寄给所有者,所有者检查信封是否完整。确认信封未被拆过的情况下,所有者取出封装的纸,得到签名者的签名。盲签名是一种特殊的数字签名,拥有普通数字签名的所有性质:

(1) 签名是可认证的。由于签名者是利用自己的私钥进行签名的,对于验证者而言,利用签名者的公钥即可对签名进行验证。

(2) 签名是不可伪造的,只有签名者才能产生有效的签名。

(3) 签名的文件是不可改变的。由于得到的签名是经过 hash 变换的,因此,无法对签过名的文件进行篡改。

盲签名技术在电子支付、电子投票和电子商务等领域中对用户匿名性的保护起到相当关键的作用。例如,在电子现金中,客户利用银行产生电子现金,将电子现金进行盲化后发送给银行。银行检查盲化后的电子现金的真实性,然后对盲化后的电子现金进行签名并发送给客户。客户对经过盲签名的电子现金进行去盲处理,最终得到合法的电子现金。

一个盲签名方案通常由以下 3 个部分组成:

(1) **消息盲化**。用户使用盲因子对要签名的消息进行盲化处理,然后将盲化后的消息发送给签名者。

(2) **盲消息签名**。签名者对盲化后的消息进行签名,即使他并不知道消息的真实内容。

(3) **复原签名**。用户去除盲因子,得到真实消息的签名。

1.6.3　哈希函数

一、概述

在理解区块链的过程中,首先需要了解一个在区块链中反复用到的密码学基础知识,那就是哈希函数。**哈希函数**作为一个数学函数,具有以下 3 个特征:

（1）可以输入任意大小的字符串。

（2）产生固定大小的输出（根据所选择哈希函数的不同）。

（3）可以进行有效计算，简单而言，就是针对特定的输入字符串，在有限时间内，可以计算出哈希函数的输出。

上述3个特性定义了一般的哈希函数，以这个函数为基础，可以创建数据结构，如哈希表。本节的讨论将聚焦于用于加密的哈希函数，要使哈希函数达到密码安全，它必须具有以下3个附加特性：

（1）碰撞阻力（collision-resistance）；

（2）隐密性（hiding）；

（3）谜题友好性（puzzle-friendliness）。

在以下的内容中，将对密码学哈希函数的这3个特性进行详细介绍。

二、特性

1. 碰撞阻力

可以用于加密的哈希函数需要具备的一个特性是它需要具备碰撞阻力。在了解碰撞阻力之前，首先需要知道什么是哈希碰撞（hash collision）。**哈希碰撞**就是对于两个不用的输入，产生了相同的输出。具体而言，对于一个哈希函数 $H(\ )$，如果有一组 x 和 y，使得 $H(x)=H(y)$，那么，该哈希函数就发生了碰撞，如图1-14所示。如果无法找到这样的一组 x 和 y，使得 $H(x)=H(y)$，那么，就可以说该哈希函数具备**碰撞阻力**。

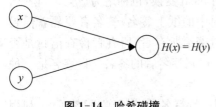

图1-14 哈希碰撞

需要小心的是，粗略看来无法找到这样一组 x 和 y，并不代表这样的 x 和 y 不存在。在理论上，任一哈希函数都肯定有碰撞存在。事实上，可以简单地证明碰撞的存在。根据哈希函数的性质，哈希函数的输入是任意的，但是输出只是固定长度的，这就意味着哈希函数是用一个无限的输入空间去映射一个有限的输出空间，根据**鸽巢原理**（Pigeonhole Principle），不难得出必然会有碰撞存在。

鸽巢原理，又名狄利克雷抽屉原理、鸽笼原理。

其中一种简单的表述如下：

若有 N 个笼子和 $N+1$ 只鸽子，所有的鸽子都被关在鸽笼里，那么，至少有一个笼子有至少2只鸽子。

另一种表述如下：

若有 N 个笼子和 $KN+1$ 只鸽子，所有的鸽子都被关在鸽笼里，那么，至少有一个笼子有至少 $K+1$ 只鸽子。

集合论的表述如下：

若 A 是 $N+1$ 元集，B 是 N 元集，则不存在从 A 到 B 的单射。

例如，假定一个哈希函数有256位的固定长度输出，对于这个函数，选择 $2^{256}+1$ 个不同的数值，计算对应的哈希值，必然发生一次碰撞。此外，虽然使用上述方法一定能找到碰撞。但是，如果随机选择输入，在检验第 $2^{256}+1$ 个输入之前就很有可能找到碰撞。事实上，如果随机

地选择 $2^{130}+1$ 个输入值,找到至少两个等哈希值的概率为 99.8%。仅仅通过输出范围的平方根次数,便可以大体找出碰撞,这种现象在概率论中被称为**生日悖论**(Birthday Paradox)。

生日问题是指如果在一个房间要有多少人,两个人的生日相同的概率要大于 50%?答案是 23 人。这就意味着在一个典型的标准小学班级(30 人)中,存在两人生日相同的可能性更高。对于 60 人或者更多的人,这种概率要大于 99%。这个问题有时也被称作生日悖论,但是,从引起逻辑矛盾的角度来说,生日悖论并不是一种悖论,它被称作悖论只是因为这个数学事实与一般直觉相抵触而已。大多数人会认为,23 人中有 2 人生日相同的概率应该远远小于 50%。计算与此相关的概率被称为生日问题,在这个问题之后的数学理论已被用于设计著名的密码攻击方法——生日攻击。

生日攻击是一种密码学攻击手段,所利用的是概率论中生日问题的数学原理。这种攻击手段可用于滥用两个或多个集团之间的通信。此攻击依赖于在随机攻击中的高碰撞概率和固定置换次数(鸽巢原理)。使用生日攻击,攻击者可在 $\sqrt{2^n}=2^{n/2}$ 中找到散列函数碰撞,2^n 为原像抗性安全性。然而,量子计算机可在 $\sqrt[3]{2^n}=2^{n/3}$ 内进行生日攻击(虽然饱受争论)。

虽然可以证明哈希函数的碰撞一定会发生,但是,对于一个碰撞检测算法而言,它要检测出某个哈希函数的碰撞可能需要十分长的时间。对于一个输出长度固定为 256 位的哈希函数来说,最坏的情况是需要 $2^{256}+1$ 次哈希函数的计算,计算次数的期望值(平均计算次数)为 2^{128} 次。这个数字是一个什么概念呢?如果一台计算机每秒钟可以计算 10 000 个哈希值,计算机计算 2^{128} 个哈希值需要花费 10^{27} 多年的时间!用一个更直观的例子来说明这个数字的庞大,如果人类制造的每台计算机在整个宇宙起源时便开始计算,到目前为止,它们找到碰撞的概率仍然无穷小,甚至远小于 2 秒钟之后地球被陨石摧毁的概率!

碰撞阻力的常见用途是信息摘要。因为具备碰撞阻力,就意味着对于两个不同的输入值,可以认为它们通过该哈希函数计算出来的哈希值不会轻易相同。利用这一特性,可以将哈希输出作为输入数据的信息摘要(message digest)。

在一般情况下,信息摘要比输入的信息要短得多,而且由于哈希函数的输出长度是固定的,因此,等长的信息摘要在数据存放和获取的时候,也比可变长度的数据要容易得多。利用信息摘要,既可以节省存储空间,又可以快速地验证数据的完整性和数据是否被篡改。区块链中的不可篡改性也是依赖于碰撞阻力而成立的,如果所有哈希函数的碰撞阻力不复存在,区块链也很难说具有不可篡改性了。

2. 隐秘性

密码学中的哈希函数需要具备的第二个特性是隐秘性。那么,什么是隐秘性呢?举例来说,如果仅仅知道哈希函数的一个输出值 $y=H(x)$,无法计算出对应的输入值 x。

利用这种隐秘性,结合上文中提到的抗碰撞性,可以实现一个承诺(commitment)协议。一个**承诺协议**由承诺和验证两部分的方案组成,下面具体来看这两个过程。

(1) com = commit(msg, nonce),承诺函数 commit 将信息(msg)和一个临时生成的随机数(nonce)作为输入,输出一个承诺(com)。

(2) res = verify(com, msg, nonce),验证函数 verify 将某个承诺(com)、临时随机值(nonce)和信息(msg)作为输入,得到一个输出(res),输出的值为真或者假。如果为真,说明这个 msg 对应这个 com;反之,则说明不对应。

以一个实际的场景来帮助理解。根据这样的协议：假定张三和李四两个人需要进行一场完全公平的猜拳比赛，那么，利用这个承诺协议，张三和李四可以分别将自己选择的手势（剪刀、石头、布）和一个随机值输入，然后得到该输入的哈希值，因为两人所采用的哈希函数具有抗碰撞性和隐密性，因此，既可以确保不会有两个不同的手势得到相同的哈希值，同时，无论谁先公布这个哈希值，对方都无法根据这个哈希值反推出输入的究竟是什么手势。等张三和李四分别公布了哈希值之后，双方再说出自己的手势，并可以利用验证函数，来验证该手势的哈希值是否如对方所言，这就保证了整个猜拳比赛的完全公平。

3. 谜题友好性

密码学中的哈希函数需要具备的第三个特性是谜题友好性。与前两个特性相比，这个特性解释起来比较复杂。

密码学中对**谜题友好**的定义如下：如果对于任意 n 位输出值 y，假定 k 选自高熵分布，如果无法找到一个可行的方法，在比 2^n 小很多时间内找到 x，保证 $H(k \parallel x) = y$ 成立，那么，称哈希函数 H 为谜题友好。

仅仅看概念可能十分迷惑，同时，谜题友好性又似乎与之前所提到的隐密性有些相似，但它们是两个不同的特性，具体来说，对于一个哈希函数 $H(\quad)$，如果它有 n 位的固定输出，那么，它可能的取值有 2^n 个。针对一个特定的 $y = H(x)$，已知 x 的值，想要求 y，如果需要尝试的次数接近 2^n，那么，就说明哈希函数具有谜题友好的特性。通俗地说，就是在反向求解哈希函数时，没有比随机尝试 x 的取值好太多的办法。这一特性也在某种程度上保证了哈希函数的隐密性。

三、安全哈希函数

在了解了哈希函数 3 个非常重要的特性以后，以下介绍区块链中广泛应用的一个密码学哈希函数——安全哈希算法（Secure Hash Algorithm 256，简称 SHA-256）。哈希函数非常多，如 MD-4/5、RIPEMD-160、SHA-1/2/3、CryptoNight 等。但是，SHA-256 是在比特币中主要被使用的一个哈希函数。

因为哈希函数的性质要求其可以接受任意长度的输入，但是，其输出的长度必须是固定的，在 SHA-256 中，广泛用到一种名为"MD"（Merkle-Damgård）变换的过程，来保证这一性质。Merkle-Damgård 架构是在 1979 年 Ralph Merkle 的博士论文中被提出的。后来 Ralph Merkle 和 Ivan Damgård 都独立地证明了这个架构是合理的，也就是说，如果使用适当的填充方案并且压缩函数是抗冲突的，那么，哈希函数也将是抗冲突的。在通用的术语中，这种基础型可用于固定长度输入并且具备碰撞阻力的哈希函数被称为**压缩函数**（compression function）。可以验证的是，如果基本的压缩函数具有碰撞阻力，那么，经过转换生成的哈希函数同样具备碰撞阻力。

这个架构主要强调以下 4 个部分：

（1）**消息填充**。压缩函数处理的消息长度是固定的，需要选取合适的填充方案。

（2）**初始向量**。要求每个哈希函数有固定的初始值，初始寄存器的个数与哈希输出位数有关。

（3）**压缩函数** $f(\quad)$。函数要求是单向函数，而且能够抗冲突碰撞。

（4）**Finalisation**。最后结果进一步处理，得到相应长度的哈希值。

如图 1-15 所示，有许多哈希算法都是基于这一架构实现的。表 1-4 是针对这些算法的对比。

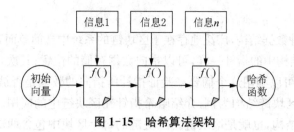

图 1-15　哈希算法架构

表 1-4　哈希算法对比

算法及其变体	输出长度(位)	内部状态大小(bit)	块大小(bit)	最大消息长度(bit)	循环
MD4	128	128(4×32)	512	不限	48
MD5	128	128(4×32)	512	不限	64
SHA-0	160	160(5×32)	512	$2^{64}-1$	80
SHA-1	160	160(5×32)	512	$2^{64}-1$	80
SHA-2	SHA-224 SHA-256	256(8×32)	512	$2^{64}-1$	64
SHA-2	SHA-384 SHA-512 SHA-512/224 SHA-512/256	512(8×64)	1 024	$2^{128}-1$	80
SHA-3	SHA3-224 SHA3-256 SHA3-384 SHA3-512	1 600(5×5×64)	1 152 1 088 832 576	不限	24
SHA-3	SHAKE128 * SHAKE256 * 输出长度可变	1 600(5×5×64)	1 344 1 088	不限	24

　　SHA-256 算法是属于 SHA-2 的一种。现在最新的哈希函数发展到了 SHA-3。SHA-3(安全散列算法 3)是 NIST 于 2015 年 8 月 5 日发布的安全散列算法系列标准的最新成员,但 SHA-3 的内部结构与 SHA-1 和 SHA-2 的结构完全不同。

　　2006 年,NIST 开始组织 NIST 哈希函数竞赛,以创建一个新的安全哈希算法 SHA-3。SHA-3 并不表示要取代现有的 SHA-2,因为还没有对 SHA-2 重大攻击的证明。但是,鉴于对 MD5、SHA-0 和 SHA-1 已有的成功攻击案例,NIST 认为需要一种可替代的、结构不同的哈希算法,它就是 SHA-3。

　　国密算法体系中同样存在 Hash 算法,SM3 密码杂凑算法(SM3 Cryptographic Hash Algorithm)由国家密码管理局发布。对长度低于 2^{64} 比特的消息,SM3 密码杂凑算法经过填充和迭代压缩,生成长度为 256 比特的杂凑值。

1.6.4　哈希指针与默克尔树

　　本节将介绍区块链中哈希函数的两个经典应用——哈希指针(hash pointer)和默克尔树。

一、哈希指针

哈希指针作为一种数据结构,广泛地存在于区块链的系统中。简单而言,哈希指针具有两个功能:首先,它像数据结构中的指针一样,可以指向数据存储的位置;其次,它保存该位置数据的一个哈希值或者摘要,可以利用这个摘要来验证指针所指向的数据是否被篡改(图 1-16)。

下面以比特币的区块链结构为例,介绍哈希指针在区块链中的应用。在比特币中,通过哈希指针构建一个链表结构,也就是区块链。区块链的每个区块中包含两部分信息:一部分是指向上一个区块的哈希指针,其中,存有上一个区块的地址和上一个区块全部内容的摘要,通过这个摘要,可以验证前一个区块的值是否被改变;另一部分是具体的数据(图 1-17)。

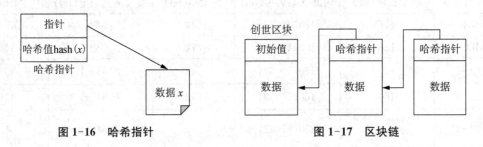

图 1-16　哈希指针   图 1-17　区块链

防篡改性是区块链中非常重要的一个特性,这一特性的实现就基于哈希指针。要具体地理解防篡改特性的实现,可以采用模拟攻击的方式进行验证。假设在区块链中,需要篡改第 k 个区块的值,因为第 k 个区块的值已经被改变,同时,已知哈希函数具有碰撞阻力,那么,第 $k+1$ 个区块的哈希指针中的摘要将会与第 k 个区块不再匹配。因此,需要再对第 $k+1$ 个区块的值进行修改,与此同时,第 $k+2$ 个区块中保存的第 $k+1$ 个区块的摘要就不再匹配。

二、默克尔树

在介绍了哈希指针及其应用后,本节进一步介绍区块链中基于哈希指针的一种非常有用的数据结构——哈希二叉树,又叫默克尔树。**默克尔树**可以用于快速归纳和校验大规模数据的完整性。在区块链中,上节所述的一个区块打包有多笔交易(transaction),默克尔树就被用来归纳某个区块中的全部交易,同时生成这些交易的数字指纹,用来快速校验某个交易是否被存在于该区块中。

如图 1-18 所示,假设有许多数据,将这些数据两两分组,然后每一组建立的两个哈希指针分别指向这两个数据。这两个哈希指针和另一组的两个哈希指针又生成新的一组,更上一层

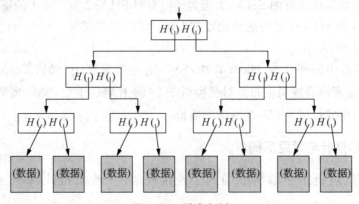

图 1-18　默克尔树

的两个哈希指针分别指向它们,循环往复,最终有一个根哈希指针。可以通过**根哈希指针**回溯整个默克尔树的任何位置,并验证数据是否被修改。类似上节所述的区块链结构,如果修改了某个底层数据,就会使得上一层的哈希指针不匹配,如果要使得修改不被发现,必须层层向上,最终修改顶部的根哈希指针。因此,只要保持根哈希指针的不可篡改和所用哈希函数的具有碰撞阻力,那么,就可以避免默克尔树中的数据被修改。

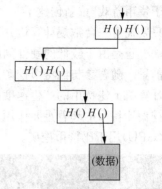

图 1-19　默克尔树的验证过程

除了同样具备防篡改特性以外,默克尔树的另一个特点是它可以实现间接的隶属证明,证明某个数据隶属于默克尔树。如图1-19所示,仅需要展示树根通往该数据块中所经历的节点,即可验证数据的归属。

假设当前共有 n 个数据,利用默克尔树,验证数据的隶属关系仅仅需要约 $\log(n)$ 次运算,如果直接采用链表的形式,则需要 $\mathrm{O}(n)$ 级别的时间开销。

思考题

1. Base58Check 编码的错误校验机制是怎样的?
2. 公钥和私钥在加密和签名的过程中分别起到什么作用? 为什么需要数字签名?
3. 比特币的公钥、私钥和地址之间有什么关系?
4. 比较群签名和环签名。
5. 对于密码学安全的 hash 函数,隐蔽性和谜题友好性有什么区别?

§1.7　共识机制

1.7.1　共识是什么

什么是所谓的"共识"呢? 例如,学生参加学校社团活动,而社团需要一个团长带头组织协调工作,于是决定用投票的方式进行竞选,每个人拥有一票,可以选择投或者不投。整个投票的过程和方法就是一种共识机制,选举出大部分人都推荐的人选。让整个社团对谁当团长达成共识,只有一个人能得到大家的认可,就成为合法、有效的团长,其余的人选就未得到认可。

通过前面的例子,就容易理解区块链的**共识**:区块链中每个节点都保存账本的完整信息,且节点可以在自己保存的链上增加新区块,但是,如果多个节点各自记账,就会发生混乱,系统无法保证统一合理,因此,多个节点所产生的新块,只有一个能得到所有人的认可。得到认可(称为**拥有记账权**)的节点产生出被认为是合法、有效的块,该块将被链接到之前合法的区块链上,其他节点产生的区块就未得到认可,不能加入区块链。

1.7.2　从比特币的挖矿开始说起

在比特币白皮书发布 3 个月后的 2009 年 1 月 4 日,中本聪在芬兰赫尔辛基的一台小型服务器上创建了第一个比特币区块,并获得了第一笔 50 个比特币的奖励。也许他无法想象,这种简单的举动将来会变成一个巨大的行业,吸引无数投资者,并创造巨额的财富。

实际上,不仅是中本聪,还是当时所有的比特币采矿业参与者都不会相信,一个猜数字"电子货币游戏"重新创建了一个产业。从当前的角度来看,毕竟那时的比特币挖矿难度非常低,只要拥有一台常规计算机并下载挖矿软件,就可以进行挖矿。

正是由于较低的硬件阈值,早期的比特币才以更快的速度聚集了一群参与者,没有特定的前景。随着参与比特币挖矿的人数增加,那些不了解比特币如何工作的人很快就意识到,个人计算机上比特币的产生速度正在放缓。一些人发现,"哈希率"(也就是俗称的"算力")在能否挖掘比特币中起着重要作用。在这种情况下,一些极客开始考虑使用效率更高的图形处理器(GPU)用于比特币挖矿。

图 1-20　Hanecz 是最早使用 GPU 挖矿的矿工

关于在比特币挖矿中出现 GPU 的时间,当前业内存在不同的意见。一个更合乎逻辑的解释是:第一个使用 GPU 挖掘的人是一位名叫 Hanecz 的程序员,他就是将 10 000 枚比特币用于交换披萨的人(图 1-20)。在 2010 年年初使用处理器进行挖矿时,处理器每天最多可以挖出一个区块,并获得 50 个 BTC。在当时 10 000 个比特币采用通常的 CPU 手段挖矿需要半年时间。那么,他是怎么做到的呢?答案是使用 GPU。根据这位仁兄的说法,他每天可以赚取数千个比特币,因此,他想拿出10 000 个比特币来购买比萨轻而易举。在 2010 年年初,GPU 的算力已经可以达到 9 MH/S,与之相比,CPU 的算力大约只有 1 KH/S(H/S 是指挖矿设备每秒可运行哈希运算的次数)。

在 2010 年 7 月初,市场上的比特币交易价格在短短 5 天内上涨了 10 倍,突然从 0.008 美元上涨至 0.08 美元。由于当时没有数字货币交易所,获取比特币最简单的方法是自己进行挖矿,因此,在短时间内参与比特币挖矿的人数急剧增加。根据比特币白皮书的原则,系统计算能力提高,采矿难度相应增加,使用 CPU 的矿工收成减少,无法维持生计,于是,越来越多的人开始参与使用 GPU 挖矿,这也导致一段时间市场上的显卡价格飞涨,并且出现许多"矿卡"(即被用于挖矿后流入消费市场的二手显卡)。

就像历史上的战争往往会促进技术的发展。"比特币采矿"战争也大大促进了人们开采比特币的技术更新。对于矿工而言,需要一台计算能力强大的设备,不幸的是,当越来越多的人参与到挖矿中,像 GPU 这样的通用机器无法满足需求,采矿的难度越来越大。使用低计算能力的 GPU 挖矿只有赔本。毕竟图形卡最初用于图形成像,而不是专业挖矿设备。业内对专门的挖矿机器的呼声持续上涨。

在这种需求的强烈刺激下,2011 年 6 月,第一台现场可编程门阵列(FPGA)出现,它是世界上第一个专业采矿芯片。与 GPU 相比,FPGA 的性能非常强大,单个 GPU 的算力是 MH/S 级别,而 FPGA 的算力则直接翻了成百上千倍,冲到 GH/S 的级别。

实际上,除了显著提高计算能力之外,FPGA 的最厉害之处如下:通常计算机只能使用几个 GPU 运行,但是,FPGA 可以支持"成堆"的运行。对于矿工来说,这等同于数量和质量都上了一个层次,因此,出现整个比特币网络总计算能力的巨大飞跃。有数据表明,整个比特币网络的个人计算能力在 2011—2012 年增长了 20 倍,整个网络的总计算能力跃升了 100 倍。

毫无疑问,FPGA 的出现对于比特币矿工来说是一个里程碑,但是,这一"里程碑"在采矿业中持续的时间并不长。自 2012 年以来,比特币价格就从 2 美元的最低水平飞涨,到 2013 年

11月时已涨到 1 200 美元,1 年的时间增长了 600 倍。强大的计算能力意味着采矿难度增加。许多使用 FPGA 的小矿工没有能力维持挖矿,人们不得不再次寻找新的强有力工具(图1-21),他们最终找到的答案是专用集成电路(ASIC)。ASIC 的出现意味着 FPGA 的悲剧正式到来,自业界首台 FPGA 采矿机问世仅仅过去了 3 个月。

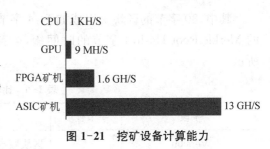

图 1-21　挖矿设备计算能力

回顾历史,枪炮热武器的出现不仅改变了战争的形式,而且改变了人类和社会的结构。与之相似,ASIC 的出现不仅增加了计算能力,而且改变了整个挖矿圈的生态结构。在最早的时代,人类以部落的形式存在。随着对有限资源竞争的增加,无数的小部落逐渐被一些强大的部落合并,逐渐演化为城邦、民族甚至帝国。这同样适用于数字世界。比特币计算能力之战开始后,尤其是采矿设备性能的提高,实际上迫使散布在世界各地的矿工共同积累计算能力。其中的原因很简单:对于那些设备相对简单、整个网络计算能力不足的单位,如果他们不加入大型团体行列,就几乎没有机会得到资源(比特币),个人算力无法与团体算力抗衡。

捷克程序员 Marek 在 2010 年 12 月建立了世界上第一个矿池"泥潭",并在 2011 年建立了世界上第一个比特币采矿场。随着能够积累大量专业采矿机器(FPGA 和 ASIC)的矿池和矿场出现,中小矿工必须寻求对这些大集团的依附,才能得以生存。采矿池的集中度持续增长,2011 年不到整个网络计算能力的 20%,在 2015 年则迅速达到整个网络计算能力的 95%。根据这种持续的集中趋势,到 2014 年左右,比特币采矿除了矿池和矿场以外就没有个人矿工的生活空间。

前面介绍了比特币的挖矿历史,以下再对挖矿的过程做一个详细的介绍。

比特币使用**工作量证明**(Proof-of-Work,PoW)作为数字货币挖掘中的共识机制。工作量证明是目前加密货币的主流共识机制之一,比特币即采用了该技术。这个概念最早是由 Cynthia Dwork 和 Moni Naor 在 1993 年的一篇学术论文中提出,"工作量证明"一词则是在 1999 年由 Markus Jakobsson 和 Ari Juels 发表的。下面以比特币采用的工作量证明机制为例,进行详细讲解。

比特币网络中任何一个节点,如果想生成一个新的区块并写入区块链,必须解出比特币网络提出的"难题"。这道"难题"有 3 个关键因素,分别是区块头数据、难度目标以及工作量证明算法。简单来说,"区块头数据"是这道题的输入数据,"难度目标"决定了这道题所需要的计算量,"工作量证明算法"是这道题的计算方法。

比特币的区块数据结构由表 1-5 所示的 4 个部分构成。

表 1-5　比特币区块组成

字段	字节长度	说明
Block Size	4	区块大小,表示该字段之后的区块大小
Block Header	80	区块头
Transaction Counter	1~9	该区块包含的交易数量,包含 coinbase 交易
Transactions	不定	记录在区块里的交易信息,使用原始的交易信息格式

其中,80 字节的区块头组成如下:4 字节的版本号,32 字节的父区块的哈希值,32 字节的 Merkle Root Hash,4 字节的时间缀,4 字节的当前难度目标,4 字节的 Nonce,如表 1-6 所示。

表 1-6　比特币区块头组成

字段	字节长度	说明
Version	4	区块版本号
Hash Previous Block	32	父区块哈希值,前一区块的哈希值,使用两次 SHA256 计算
Merkle Root Hash	32	该区块中交易的 Merkle 树根的哈希值
Time	4	精确到秒的 UNIX 时间戳,必须严格大于前 11 个区块时间的中值,同时,全节点也会拒绝那些超出自己 2 个小时时间戳的区块
Bits	4	可以计算出该区块工作量证明算法的难度目标
Nonce	4	为了找到满足难度目标所设定的随机数

拥有 80 字节固定长度的区块头,就是比特币工作量证明的输入数据。为了能使区块头体现区块包含的所有交易数据,在区块构造的过程中,需要将区块要包含的交易列表通过算法生成一棵默克尔树,并将树根作为交易列表的哈希值存储到区块头中。

工作量证明的算法具体步骤归纳如下:

(1) 将 coinbase 交易与其他所有准备打包进区块的交易组成交易列表,通过默克尔树算法生成默克尔树根(Merkle tree root)。

(2) 将所有区块头的相关字段组装成区块头,将 80 字节的区块头数据(BlockHeader)作为工作量证明的输入。

(3) 不断变更区块头中的随机数 Nonce 的值,对每次变更后的区块头做两次 SHA256 计算,即 SHA256(SHA256(BlockHeader))。将结果值与当前的难度目标进行比较,如果小于难度目标,则工作量证明完成。

4 字节长度的 Bits,可以计算出难度目标(target),Bits 标识了当前区块头做了两次 SHA256 计算后要小于难度目标。SHA256 的结果有 256 位,让 32 位 Bits 的前 2 位 16 进制数字为幂(exp),剩下的 6 位 16 进制数字为系数(coef),进行如下计算:

$$target = coef * 0x100^{exp-0x3}$$

以 Bits 值 0x1903a30c 为例,

$$target = coef * 0x100^{exp-0x3} = 0x03a30c * 0x100^{0x19-0x3}$$

为了方便理解 Bits 与 target,可以把对区块头两次 SHA256 结果小于难度目标时所期望要计算的次数定义为**难度值**(difficulty),这里需要注意区块头并没有存储 difficulty 字段。难度值是决定区块生成的重要参数,它决定了需要进行多少次哈希计算才能产生一个合法的区块。

比特币创世区块的难度值为 1,Bits 为 0x1d00ffff,由公式可以算出 target 为

0x00000000ffff0000000000000000000000000000000000000000000000000000

（前 32 位为 0），也就是说，工作量证明是多次计算 SHA256，直到一个结果前 32 位均为 0，这样才小于 target。SHA256 的结果每位为 0 和 1 的概率相同，计算出一个结果前 32 位都为 0，期望要计算 2^{32} 次，1difficulty＝2^{32} 次运算。设定创世区块 difficulty 为 1，可以得出以下公式：

$$\text{difficulty}_{当前} = \text{target}_{创世区块} / \text{target}_{当前}$$

根据设计，比特币的区块大约每 10 分钟生成一个，无论在何种全网算力下，都要保持这个速率，所以，难度值会根据全网算力动态地调整，使得新区块的产生速率都保持在 10 分钟一个。难度值的调整公式是由产生最新 2 016 个区块的花费时长与 20 160 分钟（2 周，即这些区块以 10 分钟一个的速率产生所期望花费的时长）比较得出的。这个动态调整的公式可以总结成：

$$\text{difficulty}_{新} = \text{difficulty}_{旧} * （过去 2\,016 个区块花费时长 /20\,160 分钟）$$

比特币为了防止难度值变得太快，在调整每个周期的时候，如果调整的幅度超过 4 倍，也只会按 4 倍调整。难度的调整是通过调整区块头的 Bits 字段来实现的。

这里将以上过程以伪代码形式展现：

```
1. block_header = version + previous_block_hash + merkle_root + time +
   target_bits + nonce
2. for i in range(0, 2³²):
3.     if sha256(sha256(block_header)) < target_bits:
4.         break
5.     else:
6.         continue
```

最后，总结一下 PoW 的优缺点。

PoW 的优势如下：

（1）**安全性好**。该算法简单易实现，基于安全可靠的加密算法（如 SHA256），巧妙地创建了简单而严格的共识机制。破坏区块链系统需要巨大的成本，从理论上讲，超过 50% 的恶意节点达成共识才能攻击区块链网络，但这需要高昂的经济成本。

（2）**去中心化**。无需在节点之间交换其他信息即可达成共识。因为通过维护相同的公共链，节点仅需接受区块进行验证，验证该区块即可完成区块链记录。

PoW 的缺点如下：

（1）**高能耗**。大量的采矿设备耗电量大，当今全世界一年用于采矿的电量相当于一个中等国家一年的耗电量；如果挖矿失败，没有任何回报。

（2）**速度慢，共识时间长**。交易的效率很低，这是由于系统设计的限制。整个网络都在参与一场旨在争夺记账权的比赛。同时，整个网络的节点必须验证这些区块，并确认公共共识链。这样的设计导致比特币交易每秒执行不到 10 次，成功结算的时间为 10 分钟。对目前每秒有数万笔金融交易的系统而言，这个速度太慢，这也是阻碍比特币真正商业化的关键因素。

（3）**弱中心化**。存在弱去中心，随着专业挖矿设备的出现，越来越多的计算能力集中在一起。目前，矿场的计算能力高度集中，单个矿工几乎消失，集中化的趋势得到了加强。

1.7.3 PoW 之后的 PoS

由对 PoW 的介绍可知，PoW 存在大量资源被浪费的问题，权益证明（Proof-of-stake，PoS）则是为试图解决这一问题而设计的。

点点币（Peercoin）于 2012 年 8 月发布，该电子货币首次采用 PoS 的共识机制。**PoS 机制**根据每个节点拥有代币的比例和时间，依据算法等比例地降低节点的工作量证明难度，从而加快寻找随机数的速度。这种共识机制可以缩短达成共识所需的时间，但本质上仍然需要网络中的节点进行工作量证明运算。PoS 类似于财产储存在银行，这种模式会根据持有货币的量和时间来分配相应的利息。

在 PoS 机制中，人们使用权益证明来生产区块，也就是说，任何人只要拥有电子货币，就可以参与生产区块。所以，在 PoS 机制下，成为区块生产节点是无需门槛的，但是，这会导致一系列问题。例如，无法确定"记账"节点的数量，无法确定"记账"节点之间的网络环境，节点越多会导致网络环境越复杂，这种不确定性会大大增加区块链分叉的概率，并且由于节点数量与网络环境的复杂性，区块链性能将会趋于低下。

1.7.4 EOS 带来的 DPoS

号称"区块链 3.0"的 EOS 区块链，在 PoS 的基础上进行了优化，采用了代理权益证明（Delegated-Proof-of-Stake，DPoS 机制）。

由前面的介绍可知，PoS 存在一系列问题，如果事先确定了"记账"节点的数量，并让全网节点投票决定哪些节点成为"记账"节点，这样就可以一定程度地解决以上问题，这就是 DPoS 设计的初衷。简单来讲，**DPoS 共识机制**就是将区块生产者由 PoS 机制下的所有节点转换成指定节点数组成的小圈子，这个圈子的节点数取决于区块链的设计，EOS 使用了 21。"记账"节点由全网所有节点投票得到，这一过程叫**投票选举**；由于"记账"节点的数量不多，可以在算法设计时规定一个固定的出块时间，并由"记账"节点轮流进行记账。但是，指定数量的节点"记账"，并不代表其他节点丧失了参与共识的权利，只不过是一种间接的形式行使共识权。这类似于股东代表大会，全体股民依法行使投票权，选出支持的股东代表（"记账"节点），谁得票高谁当选，被选中的股东代表将代表股民决策公司大事（生产区块）。

以 EOS 区块链采用的 DPoS 机制为例，EOS 的 DPoS 分为两个步骤：

（1）投票选举生产者。生产者（Block producer）即"记账"节点，任何持有电子货币（Token）的节点都可以成为候选区块生产者，同时具有投票权。候选区块生产者可以为自己在线下拉票，系统生成一个区块生产者候选池，票数最多的 21 个节点将作为区块生产者。

（2）21 个区块生产者随机排序，成为当前"记账"节点，进行区块生产，每次出块成功，并且经过至少 15 个（2/3 * 21＋1）个区块生产者确认，当前"记账"节点获得相应奖励，然后顺位至下一个区块生产者"记账"，每轮"记账"时间是固定好的，一般是 3 秒（12 个区块，每个 500 毫秒）。经过固定时间（63 秒）会重新计算投票结果、生成新的排序。如果"记账"节点不出块或者出现恶意行为，将会被剥夺"记账"权利，从候选池再选一个节点加入。

以下 3 点需要注意：

（1）DPoS 机制中的节点根据自己持有的电子货币数量占总量的百分比（占股比例）来投票，并不是一人一票。

（2）2 个区块生产者完全对等，可以理解为具有同等算力的节点。

（3）每次区块生成会获得奖励，依据占股比例进行分红。

DPoS 的优点是显而易见的，它的区块生产性能非常高，这就意味着交易确认会变得更及时。即使在有生产者出现恶意行为的情况下，DPoS 机制也是强健而稳定的，因为可以随时替换掉不合格的区块生产者。但是，DPoS 在一定程度上违背了去中心化的思想，由于数量不多，区块生产节点的权力比较大，可以认为 DPoS 是带有一定中心化思想的共识机制。

1.7.5　拜占庭故事与 pBFT

1. 拜占庭故事

提到共识算法，一定会提到拜占庭将军问题（Byzantine Generals Problem），它是 1982 年 Leslie Lamport 在其同名论文中提出的分布式对等网络通信容错问题。Barbara Liskov 和 Miguel Castro 在 20 世纪 90 年代后期引入新的共识算法——实用拜占庭式容错（practical Byzantine Fault Tolerance，pBFT）。pBFT 解决了拜占庭容错（Byzantine Fault Tolerance，BFT）算法效率不高的问题，针对低开销时间进行了优化，将算法复杂度由指数级别降低到多项式级别。

先来介绍**拜占庭将军问题**。

一组拜占庭将军各率领一支军队共同围困一座城市。为了简化问题，将各支军队的行动策略限定为进攻或撤离两种。因为部分军队进攻、部分军队撤离可能会造成灾难性后果，所以，各位将军必须通过投票来达成一致策略，即所有军队一起进攻或所有军队一起撤离。各位将军分处城市不同方向，他们只能通过信使互相联系。在投票过程中，每位将军都将自己所投"进攻"还是"撤退"的信息通过信使分别通知其他将军，这样一来，每位将军根据自己的投票和其他将军送来的信息就可以知道共同的投票结果而决定行动策略。

系统的问题在于，将军中可能出现叛徒，他们不仅可能向较为糟糕的策略投票，还可能选择性地发送投票信息。假设有 9 位将军投票，其中有 1 名叛徒。8 名忠诚的将军中出现 4 人投"进攻"、4 人投"撤离"的情况，这个时候叛徒可能故意给 4 名投"进攻"的将领送信表示投票"进攻"，而给 4 名投"撤离"的将领送信表示投票"撤离"。这样一来，在 4 名投"进攻"的将领看来，投票结果是 5 人投"进攻"，从而发起进攻；而在 4 名投"撤离"的将军看来，则是 5 人投"撤离"。这样各支军队的一致协同就遭到破坏。由于将军之间需要通过信使通讯，叛变将军可能通过伪造信件以其他将军的身份发送假投票。即使在保证所有将军都忠诚的情况下，也不能排除信使被敌人截杀，甚至被敌人的间谍替换等情况。因此，很难通过保证人员可靠性及通讯可靠性来解决问题。假使那些忠诚（或是没有出错）的将军仍然能通过多数决定来最终决定他们的战略，便称达到了**拜占庭容错**。票都会有一个默认值，若消息（票）没有被收到，则使用此默认值来投票。

如果在信使可靠的情况下，如何在已知有将军是叛徒时，让其余将军仍然达成一致的策略便是拜占庭将军问题。Leslie Lamport 在论文中证明，在将军总数 n 大于 $3f$，背叛者为 f 或者更少时，忠诚的将军可以达成命令上的一致，即 $3f+1 \leqslant n$。算法复杂度为 $O(n^{f+1})$。Barbara Liskov 和 Miguel Castro 提出的 pBFT 的容错数量也满足 $3f+1 \leqslant n$，算法复杂度为 $O(n^2)$。区块链网络的记账与拜占庭将军问题相似。参与区块生产（记账）的每个节点相当于将军，节点之间的消息传递相当于信使，某些节点可能由于各种原因而产生错误，并将错误的信息传递给其他节点。

$3f+1 \leqslant n$ 是如何得到的呢？假设存在一种极端情况，有 f 个响应的节点是错误的（背叛者),并且有 f 个节点未响应却是正确的,按少数服从多数的理论,在响应的所有节点中,正确节点数量应该大于错误节点数量,即 $n-f-f>f$,可得 $3f+1\leqslant n$。

2. pBFT

如图 1-22 所示,pBFT 算法的流程主要有 4 步:

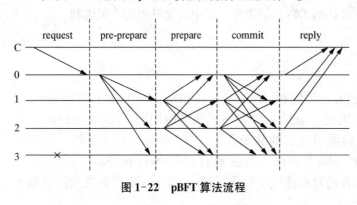

图 1-22　pBFT 算法流程

（1）客户端(client)向主节点发送请求调用服务操作。

（2）主节点通过广播将请求发送给其他节点,节点执行 pBFT 的三阶段共识流程。

（3）节点处理完三阶段共识流程后,返回消息给客户端。

（4）客户端收到来自 $f+1$ 个节点的相同消息,代表共识已经完成。

pBFT 算法的核心是三阶段共识流程,分别为预准备阶段(pre-prepare 阶段)、准备阶段(prepare 阶段)、提交阶段(commit 阶段)。在详细说明 3 个阶段之前,需要介绍一些符号和概念:

（1）V:当前视图的编号。与主节点相关。

（2）N:当前请求的编号。主节点收到客户端的每个请求,都会以一个编号标记。

（3）M:消息内容。

（4）D:消息内容的摘要。

（5）i:节点编号。

为了节省内存,系统需要一种将日志中的无异议消息记录删除的机制。这里引入检查点(checkpoint)与稳定检查点(stable checkpoint),checkpoint 是当前节点处理的最新请求的编号,每个节点各自存储。stable checkpoint 是大部分节点($\geqslant 2f+1$)已经共识完成的最大请求编号,并引入水位(water mark)的高低值,水位的低值即"stable chekpoint",水位的高值为低值加上一个固定的值(如 100)。如果节点 A 在接收到一个请求超过了水位高值,这种情况说明有其他节点 B 处理的请求编号还处于水位低值,节点 A 会等待节点 B 处理完成,使得 stableche ckpoint(即水位低值)更新。高低水位的意义在于防止一个失效节点使用一个很大的编号消耗编号空间。

主节点收到客户端请求,会向其他节点发送 pre-prepare 消息,这时三阶段共识流程开始:

（1）pre-prepare:节点收到 pre-prepare 消息后,如果消息的请求编号不在高低水位中,或者之前收到过该主节点发送的同一编号但消息内容却不同的请求(即收到过具有相同 V、N 和不同 M、D 的 pre-prepare 消息),则拒绝请求;否则接受请求。

（2）Prepare:节点接受请求后会向其他节点发送 prepare 消息。这个过程是多个节点同时进行的,在一定时间范围内,如果节点收到 $2f$ 个不同节点的 prepare 消息,代表该阶段完成。

（3）Commit:prepare 阶段完成的节点会向其他节点广播 commit 消息。同样,这个过程也是多个节点同时进行的,当收到 $2f+1$ 个 commit 消息后(包括自己),代表已经达成共识,节点就会执行请求、写入数据。

处理完毕后,每个节点会返回消息给客户端,pBFT 共识流程结束。如果主节点超时未响

应或者节点集体认为主节点是问题节点,就会触发视图更改(ViewChange)事件,ViewChange
流程也可以认为是个 pBFT 过程,流程完成后,当前编号最小的节点会成为新的主节点,视图
编号 V 会加 1。

　　pBFT 降低了原始的 BFT 的算法复杂度,使得 pBFT 在实际应用中具有可行性,并且能
够做到同时容纳故障节点和作恶节点,提供了安全性与鲁棒性。但是,pBFT 的算法复杂度仍
然过高,可拓展性较差,在节点数量变多时,系统性能将会下降得很快,带来更高的延迟。

1.7.6　分布式系统共识的意义

　　为什么在区块链这样的分布式系统中需要用到共识呢? 在区块链中,每个参与者都可以
看作一个独立的、有自治性的节点。不同节点都各自维护着一条内容相同的数据链,也独立地
将网络中新产生的数据打包为一个区块,广播给其他节点。由于区块链是线性的,同一周期内
各节点打包的区块内容不尽相同,为保证数据的一致性,最终只能有一个区块加入到主链,如
何选择这个区块是区块链共识的重要任务之一。在这个过程中,如果将主链视为账本,共识算
法所做的就是决定将哪个节点整理的账目写入总账,即如何分配记账权。

　　共识机制作为区块链技术的重要组件之一,其目的是让所有诚实节点保存相同的区块链
数据,并且能同时满足一致性和有效性,这也是共识机制的目标:①一致性,所有诚实节点保存
的区块链的前缀部分完全相同;②有效性,由某一诚实节点所发布的信息终将被其他所有的诚
实节点记录到自己的区块链中去。

思考题

　　1. 在 DPoS 共识机制中,如何防止区块被篡改?

　　2. 在 pBFT 中容错数量满足条件是如何得到的?

　　3. 简述 Pow 的优缺点。

§1.8　智能合约

　　目前在支持智能合约的区块链系统中,以太坊是最具特点的。下面以以太坊为例,介绍什
么是智能合约,区块链中的智能合约如何保证公平性,智能合约怎么编写,以及智能合约的部
署流程和常见的智能合约应用。

1.8.1　什么是智能合约

　　早在 1994 年,几乎是在互联网概念提出的同时,密码学家和数字货币研究者尼克·萨博
发表了论文"智能合约"(smart contracts),提出了"智能合约"的概念。

　　传统合约需要交易双方或者多方信任彼此,通过协议进行交易。智能合约则不同,智能合约
的协议逻辑通过代码来体现,通过代码定义并强制执行,不会通过人的主观干预而发生改变。

　　换句话说,**智能合约**实际上就是一段编写好的代码,一旦被调用,就会严格、公正地去执行
代码的内容。

1.8.2　为何智能合约被运用在区块链中

　　智能合约概念的提出远早于区块链概念,但是一直到现在才进入大众眼中,是跟技术能力

相关的。早期的构想是把智能合约烧写到硬件中,以此来避免攻击者直接攻击合约,因为前提条件难于满足、安全便利和技术落地困难等原因而被搁置。

2008 年中本聪提出的比特币将区块链技术带入大众视野。区块链技术的不可篡改性、可追溯性及多方计算等特性与智能合约的应用需要不谋而合,人们开始思考 14 年前提出的智能合约概念是不是可以依靠区块链技术实现。

2014 年 Vitalik Buterin 在《比特币杂志》发表论文"以太坊:一个下一代加密货币和去中心化应用平台",意味着第一个将区块链与智能合约结合起来的区块链平台正式问世。

1.8.3　区块链中的智能合约执行逻辑

这里举一个生活中的例子。在一台自动售货机购买饮料,付了一罐饮料的钱,售货机就应该掉出一罐饮料。如果售货机出了问题,饮料没有出现,或者一下蹦出很多罐饮料,这个结果与期望并不一致。这里的问题就是虽然售货机会严格按照程序设计执行,但是,如果内容被恶意篡改,就会导致按照恶意的逻辑执行。这个例子说明即使是智能合约,也可能会因为攻击而出现问题。

为了解决上面的问题,可以尝试一个方案:把售货机做成一个售货机集群,每台售货机上的程序最初都是相同的,每当客户购买商品时,售货机集群都会模拟这个交易,以大多数售货机的计算结果为结论,交给客户面前的售货机执行,这样就通过多方共识的方式减小出问题的几率。以下可以看到真实的以太坊中智能合约的执行逻辑。

每当区块链网络中出现一个新交易,该交易会被矿工节点们捕获,在自己的智能合约运行环境(EVM)模拟运行、给出结果,并将结果广播至网络中等待被其他节点验证。被所有节点承认正确的结果,才会成为此交易的正确执行结果;不被承认的交易结果,则不会具有记录上链的资格。

这种多节点计算并达成共识的机制使攻击成本大大提高,同时区块链的不可篡改性和可追溯性还可以增强智能合约的历史记录管理能力。

1.8.4　区块链中智能合约的优点及不足

1. 优点

(1)**高效性**。与传统合约相比,智能合约的执行不需要人为的第三方权威或中心化代理服务的参与,它能够在任何时候响应用户的请求,从而提升了交易进行的效率。

(2)**准确执行**。智能合约的所有条款和执行过程是提前制定好的,并在计算机的绝对控制下进行计算。

(3)**多方计算**。区块链是多方计算产生结果并达成共识的。如果想要作弊的话,就需要最少控制 51% 以上的节点来帮助作弊,这极大地提高了在区块链网络中作弊的成本。

(4)**不可篡改性**。区块链中智能合约一旦被部署上链,则会永远存储在区块链网络中,且不会被篡改。理论上可以从记录该信息的块前再生成新的一条链来重写此交易结果,但是,人为分叉一条新链的成本大得超乎想象,因此可以忽略此风险。

(5)**可追溯性**。所有在区块链网络中执行的智能合约结果一旦被上链后,就都能被查询到。

(6)**较低的运行成本**。智能合约的执行仅需要电费的支出,与传统合约的人力支出相比,真的是少了很多成本。

2. 不足

在区块链中执行智能合约看似完美无缺,但是,合约编写是人为操作的,只要有人为操作的地方,就难免会出现失误。TheDAO 攻击事件就是以太坊历史上的一次重大漏洞事件。

2016 年 4 月,以太坊史上最大的一个众筹项目 TheDAO 正式上线。一个多月的众筹后,总共募集到超过价值 1.5 亿美元的以太币用于建立该项目。就在短短一个多月之后,以太坊创始人 Vitalik 发表声明,表示 TheDAO 存在巨大的漏洞,其上大量的以太币已经被"偷走",未来或许还会有大量的以太币被偷,TheDAO 的设计执行者对此攻击却无能为力。这一攻击的出现,正是因为 TheDAO 的智能合约在设计之初就存在漏洞,由于基于区块的智能合约被部署后就无法篡改,这一漏洞无法被线上修复,只能眼睁睁地看着黑客把更多的以太币从项目中偷走。最终该事件是通过人为分叉解决的,但是,这一分叉行为使区块链在人们心中失去了公信力,对区块链的崇拜热情也减少了很多。

1.8.5　智能合约应用案例

1. 博彩交易

以一个简单的足球比赛博彩为例。赛前爱丽丝押利物浦赢,下注一个比特币;鲍勃押皇马赢,下同样的注。爱丽丝和鲍勃将比特币发送到一个由智能合约控制的中立账户。当比赛结束时,智能合约能通过各方媒体确认利物浦战胜了皇马,就自动将爱丽丝和鲍勃的赌金发送到爱丽丝的账户。

智能合约是计算机程序,所以很容易增加更加复杂的赌博元素,如赔率和分差。尽管现在有处理这种交易的服务,但是都会收取费用。智能合约与这些服务的不同之处在于,智能合约是一个任何人都可以通过使用去中心化的系统,降低了成本,且不需要任何中介机构。

2. 差价合约

金融衍生品可以说是智能合约最普遍的应用。实现金融合约的主要挑战是它们中的大部分需要参照一个外部的数据源。例如,一个需求非常大的应用是一个用来对冲以太币(或其他密码学货币)相对美元价格波动的智能合约,该合约需要知道以太币相对美元的价格。最简单的方法是通过由某特定机构(如纳斯达克)维护的"交易信息"接口进行,该接口能够根据交易价格变化更新数据,并确保数据真实可靠,构成智能合约的运行依据。

3. 遗产分配

在分配遗产的场景下,智能合约会让立遗嘱者决定谁得到多少遗产这件事情变得非常简单,决定谁得到多少遗产,只需简单一列就可实现,能解决设立遗嘱过程的许多法律难题。一旦智能合约确认触发条件,也就是立遗嘱者约定好的条件,智能合约就将开始执行,立遗嘱者的财产将被分割。

思考题

1. 智能合约是区块链特有的机制,没有区块链的保证,智能合约是否无法运行?
2. 简述智能合约的特点。
3. 智能合约部署到区块链网络后,是否依旧可以随意更改和撤销?
4. 为什么分叉可以解决 TheDAO 攻击事件?

第 2 单元

重要区块链项目介绍

§2.1 Hyperledger Fabric 项目

2.1.1 背景介绍

Hyperledger Fabric 是一个开源的企业级分布式账本技术平台。Hyperledger Fabric 被设计成模块化的架构，并提供保密性、可伸缩性、灵活性和可扩展性。Hyperledger Fabric 支持不同的模块组件即插即用，并能应用于现实生活中各种错综复杂的场景。

2015 年 12 月，Linux 基金会主导发起了 Hyperledger 项目，目标是发展跨行业的区块链技术。该项目是一个全球协作项目，成员包括一些不同领域的先驱者，这些先驱者的目标是建立一个强大的、业务驱动的区块链框架。Hyperledger Fabric 是 Hyperledger 旗下的项目之一。与其他区块链技术类似，Hyperledger Fabric 包含一个账本，使用智能合约，并且是一个通过所有参与者管理交易的系统。

Hyperledger Fabric 与其他区块链系统最大的不同体现在私有和许可。与允许未知身份的参与者加入的、开放的、无需许可的网络系统不同(需要通过工作量证明协议来保证交易有效，并维护网络安全)，Hyperledger Fabric 通过成员服务提供者(membership service provider)来登记所有的成员，这意味着参与者彼此都是已知的、互相信任的，而不是匿名的、彼此完全不信任的。

Hyperledger Fabric 最关键的不同点是它支持可插拔的共识协议，这使得平台能够更有效地定制以适应特定的场景。例如，当部署在单个企业中或由受信任的权威机构负责操作时，完全拜占庭式的容错共识可能被认为是不必要的，并且会对性能和吞吐量造成过度的负累。在这种情况下，崩溃容错(CFT)共识协议可能会更充分，而在多方分散的场景中，可能需要更传统的拜占庭容错(BFT)共识协议。

Hyperledger Fabric 提供了建立通道(channel)的功能，这允许参与者为交易新建一个单独的账本。只有在同一个通道中的参与者，才会拥有该通道中的账本，其他不在此通道中的参与者则看不到这个账本。当网络中的一些参与者是竞争对手时，这个功能变得尤为重要。因为这些参与者并不希望所有的交易信息(如提供给部分客户的特定价格信息)，都对网络中所有参与者公开。通过建立不同的通道，可实现按需共享的目的。这更加符合现实生活的商业场景。

Hyperledger Fabric 的 SDK 支持多种语言，与其他区块链网络的专用语言相比，大大降低了应用开发的门槛。目前 Hyperledger Fabric SDK 支持 Go、Node.js、Java、Python 共 4 种主流语言，此外，还有一个 Hyperledger Composer 工具，可以用来快速地搭建环境。

2.1.2 Fabric 架构

一、节点架构

1. 节点

节点是区块链的通信主体，是一个逻辑概念。多个不同类型的节点可以运行在同一个物理服务器上。节点有多种类型,如客户端节点、peer 节点、排序服务节点和 CA 节点。图 2-1 为网络节点架构示意图。

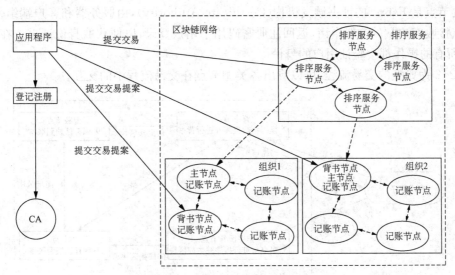

图 2-1 网络节点架构示意图

2. 客户端节点

客户端或者应用程序代表由最终用户操作的实体,它必须连接到某一个 peer 节点或者排序服务节点上与区块链网络进行通信。客户端向背书节点(endorser)提交交易提案(transaction proposal)。当收集到足够背书后,向排序服务广播交易,进行排序,生成区块。

3. peer 节点

所有的 peer 节点都是记账节点(committer),负责验证从排序服务节点发送的区块里的交易,维护状态数据和账本的副本。部分节点会执行交易,并对结果进行签名背书,充当背书节点的角色。背书节点是动态的角色,是与具体链码绑定的。每个链码在实例化的时候都会设置背书策略。也只有在应用程序向它发起交易背书请求的时候才是背书节点,其他时候就是普通的记账节点,只负责验证交易并记录账本。

在图 2-1 中可以看到,peer 节点还有一种角色是主节点(leader peer),代表的是与排序服务节点通信的节点,负责从排序服务节点处获取最新的区块,并在组织内部同步。主节点可以通过强制设置产生,也可以动态选举产生。

与此同时,有的节点同时是背书节点和记账节点,也可以同时是背书节点、主节点和记账节点,或者就只是记账节点。

4. 排序服务节点

排序服务节点(ordering)接收包含背书签名的交易,对未打包的交易进行排序生成区块,广播给 peer 节点。排序服务提供的是原子广播(atomic broadcast),保证同一个链上的节点接收到相同的消息,并且有相同的逻辑顺序。

排序服务节点提供交付保证的通信架构,为客户端和 peer 节点提供共享的通信信道,为包含交易的消息提供广播服务。

排序服务的多通道(multi-channel)实现了多链的数据隔离,保证只有同一个链的 peer 节点才能访问链上的数据,保护用户数据的隐私。排序服务可以采用集中式服务,也可以采用分布式协议。可以实现不同级别的容错处理。

5. CA 节点

CA 节点是 Fabric 的证书颁发机构(Certificate Authority),由服务器和客户端组件组成。CA 节点接收客户端的注册申请,返回注册密码用于用户登录,以便获取身份证书。在区块链网络上所有的操作都会验证用户的身份。

图 2-2 为典型的交易流程,可以看出各类型节点在交易流程中的交互。

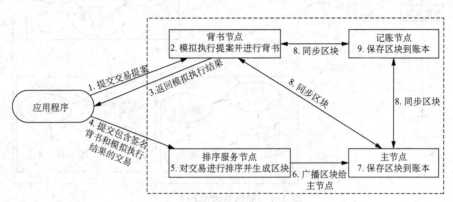

图 2-2　交易流程示意图

二、账本

Hyperledger Fabric 包含一个账本子系统,这个子系统包含世界状态(world state)和交易记录两个组件。在 Hyperledger Fabric 网络中的每一个参与者都拥有一个账本的副本。

世界状态组件描述了账本在特定时间点的状态,它是账本的当前快照,通过版本键值对存储(KVS),由区块链上链码进行存取。状态 s 持续存储并且其更新也被记录,被存储为一个映射 K→(V X N),K 是一组键,V 是一组值,N 是无限有序的版本号集。

交易记录组件记录了产生世界状态当前值的所有交易,是世界状态的更新历史。它包含所有的状态更改(有效交易)的记录和不成功的状态更改(无效交易)的尝试,由 Order 服务构建有序的交易哈希块,并被保存在 peer 节点。

三、通道

客户端连接到通道(channel)上,在通道上广播的消息会最终发送给通道内所有的 peer 节点。通道支持消息的原子广播,即:通道给所有相连的 peer 节点输出相同的消息,并且有相同的逻辑顺序。这种原子通信也称为**全序广播**(total-order broadcast)。

排序服务支持多通道,客户端连接到一个通道上,就可以发送和获取消息。客户端可以连接到多个通道,通道之间相互隔离。通道使交易者可以创建不同的账本,达到数据隔离的目的。只有在同一个通道中的参与者,才会拥有该通道中的账本,而其他不在此通道中的参与者则看不到这个账本。

四、成员服务提供者

Hyperledger Fabric 基于 PKI 体系,生成数字证书以标识用户的身份。每个身份和成员服务管理提供者(Membership Service Provider,MSP)的编号进行关联。

成员(member)是拥有网络唯一根证书的合法独立实体。在 Fabric 区块链中,peer 节点和 app client 这样的网络组件实际上就是一个成员。

成员服务(member service)在许可的区块链网络上认证、授权和管理身份。在 peer 和 order 中运行的成员服务的代码都会认证和授权区块链操作。它是基于 PKI 的 MSP 实现。

成员服务提供者是 Hyperledger Fabric 引入的一个组件,目的是抽象化各成员之间的控制结构关系。MSP 是一个提供抽象化成员操作框架的组件,将证书颁发、用户认证、后台的加密机制和协议都进行了抽象。每个 MSP 可以定义自己的规则,这些规则包括身份的认证、签名的生成和认证。每个 Fabric 区块链网络可以引入一个或者多个 MSP 来进行网络管理,这样将成员本身和成员之间的操作、规则和流程都模块化。

一个 MSP 可以自己定义身份,以及身份的管理(身份验证)与认证(生成与验证签名)规则。也就是说,在一个运行的 Fabric 系统网络中有众多的参与者,MSP 就是为了管理这些参与者,可以辨识验证哪些人有资格、哪些人没资格,既维护某个参与者的权限,也维护参与者之间的关系。

为了处理网络成员的身份,MSP 管理用户 ID,并对网络中的所有参与者进行身份验证。一个 Fabric 区块链网络可以由一个或多个 MSPs 控制。这提供了成员操作的模块化,以及跨不同成员标准和体系结构的互操作性。

五、针对背书策略的交易评估

1. 背书

背书(endorsement)是指一个节点执行一个交易,并返回交易是否通过的消息给生成交易提案的客户端应用程序的过程。每个 chaincode 都具有相应的背书策略,用于指定背书节点。链码的调用交易需要经过背书策略要求的背书才会有效。正式的背书策略是以背书为基础,以及潜在的进一步评估为真假状态。对于部署交易,获得背书的依据是系统范围策略(如系统链码)。背书通过被每个 peer 节点本地独立评估,但所有正确的 peer 节点以相同的方式评估背书策略。

2. 背书策略

背书策略(endorsement policy)是认可交易的条件。对于某一链码,背书策略可指定认可交易的最小背书节点数或者最小背书节点百分比。背书策略可以用来防止成员的不良行为。在安装和实例化 Chaincode 时,需要指定背书策略。

3. 背书策略示例

背书条件逻辑可以包含逻辑表达式和评估真假。通常会对背书节点为交易请求提供数字签名。

假设链码指定背书者集为 $E＝\{$爱丽丝,鲍勃,Charlie,Dave,Eve,Frank,George$\}$。一些策略示例如下:

(1) 全体 E 的成员对交易提案的有效签名。

(2) E 的任一单个成员对交易提案的有效签名。

(3) 对交易提案的有效签名条件为(爱丽丝 OR 鲍勃) AND (any two of:Charlie,Dave,Eve,Frank,George)。

(4) 对交易提案的有效签名为 7 名背书者中的任意 5 名。

(5) 假设背书者有不同"权重",如{爱丽丝＝49,鲍勃＝15,Charlie＝15,Dave＝10,Eve＝7,Frank＝3,George＝1},其中,权重和是 100。策略需要一组占大多数权重的有效签名(即权重和超过 50 的组合)。

4. 交易背书的基本工作流程

客户端创建交易,并发送给背书 peer 节点。

客户端向它选择的一组背书 peer 节点发送 PROPOSE 消息来调用交易。给定 chaincode ID 的背书 peer 节点的设置,由客户端通过 peer 节点实现,从背书策略知道背书 peer 节点的设置。例如,可以将交易发送给所有给定 chaincode ID 的背书者。

5. 背书节点模拟交易并产生背书签名

背书 peer 节点从客户端接受消息时,首先校验客户端签名 clientSig,然后模拟一个交易。背书节点尝试执行一个交易,通过调用链码到交易引用(chaincode ID)和背书 peer 节点本地持有的状态拷贝。作为执行的结果,背书 peer 节点计算读版本依赖(readset)和状态更新(writeset)。

peer 节点提交交易提案到它的逻辑部分来背书交易,称为**背书逻辑**。如果背书逻辑决定背书的一个交易,它发送确认背书的消息及签名到提交客户端,否则拒绝背书交易,背书者发送拒绝消息到提交客户端。

6. 提交客户端接收交易背书并通过排序服务广播

提交客户端等待"足够"的返回消息和签名来推断交易提案已背书。"足够"取决于背书策略的规定和要求。如果提交客户端没有收到交易被背书的信息,则放弃该交易,稍后再试。对于一个具有有效背书的交易,提交客户端调用排序服务或者通过选择信任的 peer 节点代理广播。

六、Fabric 在实际场景中的交易流程

前一节介绍了 Hyperledger Fabric 的架构,本节将基于一个简单的样例来理解 Fabric 在实际场景中的交易过程。

BookNet 是一个书籍交易平台,它允许网络中的组织在获得适当授权的前提下执行书籍购买与售卖操作。

图 2-3 BookNet 网络

图 2-3 展示的是 BookNet 网络,其中的不同成员扮演不同的角色:鲍勃是合理出版书籍的出版商;监管机构 RegulatorM 确认鲍勃的出版社可以合法地出版书籍;爱丽丝是一家书店的老板,鲍勃可以向其出售书籍。

为了记录相关的数据,创建具有 4 个属性的书籍属性结构:

Book(string)
Date and Time(string)
Price(string)
Holder(string)

下面从爱丽丝的角度来看 Fabric 的完整交易流程。假定各节点已提前颁发好证书并已正常启动,加入创建好的通道。

以下将介绍在已经实例化的链码通道上爱丽丝向鲍勃发起一个购买交易到记账的全

过程。

1. Step1:创建交易并发送给背书节点(图 2-4)

看一下由爱丽丝发起的向鲍勃购买书籍的交
易请求:可以看到书籍交易的结构由属性和属性
值组成。

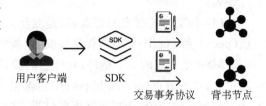

图 2-4　创建交易并发送给背书节点

Book = Hyperledger Fabric 实战
Date and Time = 30 April 2020 12:00:27
Price = 35.00 yuan
Holder = 爱丽丝

该交易是书籍所有权由鲍勃向爱丽丝的变更,涉及的组织有鲍勃和爱丽丝,因此,爱丽丝、
鲍勃都需要对该交易进行离线签名,作为交易两方达成共识的证据。

爱丽丝使用交易客户端相应的软件开发工具包(Software Development Kit, SDK,如
Node、Java、Python 等),构建交易事务协议(transaction proposal),并提交给背书节点
(endorse peer)peerA 和 peerB 进行背书签名,从而调用 chaincode 函数以便读入或写入数据。
chaincode(包含一组表示书籍买卖市场初始状态的键值对)被安装在节点上,并在通道上实例
化。chaincode 包含定义一组事务指令的逻辑,该 chaincode 也已确定一个背书策略,即 peerA
和 peerB 都必须支持任何交易,其中,peerA 代表爱丽丝,peerB 代表鲍勃,请求被发送给
peerA 与 peerB。客户端以何种顺序发送给背书节点是不重要的,通常背书节点执行后的结果
是一致的,只有背书节点对结果的签名不同。那么,客户端是怎么知道背书节点的呢? 在一条
链路上,每个背书节点都会对外暴露部署在自己节点上的链码 ID(chaincode ID),通过交易中
指明的 chaincode ID,就可以找到所有部署了这个 chaincode ID 的背书节点。

交易事务协议中包含以下 7 个内容:

(1) channel ID:通道信息。

(2) chaincode ID:要调用的链码信息(peerA 与 peerB 的 chaincode ID)。

(3) timestamp:时间戳。

(4) sign:客户端的签名(爱丽丝客户端的签名)。

(5) txPayload:提交的事务本身包含的内容,包含两项。

(6) operation:要调用的链码的函数及相应的参数。

(7) metadata:调用的相关属性及属性是什么。

SDK 将事务协议打包成适当的格式,并使用爱丽丝的加密凭证为该事务协议生成唯一的
签名。

图 2-5　背书节点验证交易事务
协议请求并模拟执行

2. Step2:背书节点验证交易事务协议请求
并模拟执行(图 2-5)

背书节点在接收到交易提案请求后,需要对
以下 4 个内容进行验证:

(1) 交易事务协议格式是否正确。

(2) 交易在之前是否提交过,这就是重复性攻
击保护(replay-attack protection)。

(3) 提交交易提案的客户端签名(爱丽丝的签

名)是否有效,即:是否使用 MSP 由 CA 针对每个 peer 节点进行颁发。这是一个节点的组件,有了它才可以被允许对来自客户端的交易进行验证,以及对 chaincode 处理后的交易结果进行签名。

(4) 提交交易提案的请求者(爱丽丝)是否在该通道中有相应的执行权限,即每个背书节点(peerA 和 peerB)都需要保证提交者(爱丽丝)满足通道的写入策略。

MSP 是节点的一个组件,允许它们验证从客户端发起的事务请求,并签署背书。在验证通过后,背书节点(peerA 和 peerB)会根据当前账本数据,模拟执行 chaincode 中的业务逻辑,并生成包括响应值、读写集等事务结果,之后背书节点对这些事务结果进行签名,形成交易事务协议响应(proposal response),返回给用户客户端(在本情境中返回给爱丽丝的客户端)。如果背书节点决定背书一个交易,它发送确认背书的消息及签名到提交客户端,否则拒绝背书交易,背书节点发送拒绝消息到提交客户端。

注意:背书节点对链码的调用是模拟执行,并不会对账本中的数据产生更改。

3. Step3:用户客户端验证背书节点签名并发送给排序服务节点

用户客户端在接收到所有背书节点签名后,需要确定背书节点对于交易事务请求的响应是否相同。如果 chaincode 只是查询账本,客户端将检查查询响应结果,并且通常不会将查询事务提交给 Orderer 排序服务节点;如果客户端应用程序的请求需要更新账本数据,则会将事务提交给 Orderer 节点以继续下一步的操作,并且客户端在提交事务之前检查确定请求是否已满足指定的认可策略(即指定的背书节点都认可)。在本事务情境中,爱丽丝的客户端需要检查请求是否满足 peerA 与 peerB 的双重认可,因为只有爱丽丝与鲍勃双方均认可交易的时候,交易才会真正有效。

在本交易事务中,爱丽丝的客户端将会收到来自 peerA 和 peerB 的背书签名,因为交易事务需要对账本数据进行更改(将书籍属性中的"Holder"由鲍勃更新为爱丽丝),所以,爱丽丝的客户端需要检查 peerA 和 peerB 是否均认可该交易。在得到确认后,客户端再调用 SDK,将交易事务协议、协议响应和背书签名打包,生成交易请求提交给 Orderer 节点,该事务中将包含 Channe ID、背书节点返回的读写集、背书签名。

4. Step4:排序服务节点排序、合并交易并生成区块(图 2-6)

Orderer 服务节点接收到来自客户端的交易请求后,无需检查该事务的全部内容,仅仅需要从网络中接收到来自所有通道的交易事务,并按时间顺序对来自相同通道的事务进行排序,然后对每个通道中的一个或一列事务创建区块。

SDK　频道组　　排序服务　　排序服务事务集合　　　　排序服务　　　　主节点　　　事务

图 2-6　排序服务节点排序、合并交易并生成区块　　　图 2-7　排序服务节点广播给通道的主节点并验证

5. Step5:排序服务节点广播给通道的主节点并验证(图 2-7)

Orderer 节点生成区块之后,将会广播给同一通道内所有组织的 Leader 节点(组织中的主节点;主要负责与 orderer 排序节点通信,获取区块及在本组织进行同步;主节点的产生可以动态选举或者指定)。在本交易事务中,Orderer 节点将会分别广播给爱丽丝、鲍勃、

RegulatorM 的 Leader 节点。

　　Leader 节点对接收到的区块进行验证(交易消息结构是否正确、是否重复、是否有足够的背书、读写集版本),通过验证后将结果写入本地的分类账本中。Leader 节点将会同步广播给组织内的其他节点(保证在同一通道内)。

　　6. Step6:账本更新(图 2-8)

　　背书节点是由背书策略选择的动态角色。所有的节点都属于"记账"节点,需要参与交易背书的"记账"节点都是背书节点。在本场景中,虽然 peerA 和 peerB 是对交易事务进行背书的背书节点,但是,它们也是更新账本的"记账"节点。每个"记账"节点将新区块追加到区块链中,事务的写集被提交到当前的状态数据库中。对于每个有效的事务,将发出一个事件来通知用户客户端应用交易是否有效且被追加到链上。至此,交易事务完成。

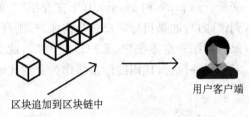

区块追加到区块链中　　　　　用户客户端

图 2-8　账本更新

　　本节简要介绍了 Hyperledge Fabric 的组件,以及执行时的逻辑过程,实际动手实验请参阅本书后面的章节。

思考题

　　1. 在交易的不同过程中,peer 节点充当不同的角色(记账节点、排序服务节点、背书节点),阐述其不同作用。

　　2. 简述在 Fabric 中链码 chaincode 的作用。

§2.2　以太坊部署和使用

2.2.1　背景介绍

　　作为开源软件,可以在自己的计算机系统搭建以太坊环境。在此简单介绍以太坊的工作机制,进行部署实验。

一、以太坊虚拟机

　　1. 概述

　　以太坊虚拟机(EVM)是智能合约的运行环境。它是一个对外完全隔离的沙盒环境,在其中运行的代码无法访问网络、文件系统和其他进程。不同合约之间的访问也是有限制的。

　　2. 账户

　　以太坊有两种不同类型的账户,分别为外部账户和合约账户,它们共用一个地址空间。**外部账户**由公钥-私钥对控制,账户地址由公钥生成;**合约账户**则由智能合约的代码控制,合约地址在合约创建时自动生成(通过合约创建者的地址和从该地址发出的交易数量计算得到)。外部账户可以发起交易,而合约账户不能主动发起交易,只能通过外部账户发起交易触发后,按照预先编写的合约代码执行。

　　无论什么类型的账户,每个账户都记录了 4 个字段,分别是 nonce 值、余额、存储和合约代码哈希。其中,nonce 值为该账户地址发出的交易数量,余额用来记录该账户的以太币余额,存储是一个键值对形式的持久化存储,合约代码哈希则只有合约账户有值,外部账户为空。无论是否存储代码,这两类账户对以太坊虚拟机来说都是一样的。

3. 交易

交易可以看作从一个账户发送到另一个账户的消息。交易包含消息的接受者、用于确认发送者的签名、二进制数据和发送的以太币的数量。除此以外,交易还包含两个和 gas 有关的变量:gas price 和 gas limit(下文介绍)。如果目标账户是外部账户,则转入指定的以太币数量到该账户;如果目标账户是合约账户,则合约代码会被执行,发送的数据会作为代码的参数;如果目标账户是零账户(账户地址为 0),此交易将创建一个新合约,发送的数据会转化为 EVM 字节码并执行,代码的输出将作为合约代码被永久存储。

二、gas

以太坊的每笔交易都会收取一定数量的 gas 作为交易的手续费。gas limit 指定用户愿意为该笔交易花费的最大 gas 数量,在 EVM 执行交易时,gas limit 会按照特定规则逐渐消耗。gas price 是 EVM 每一计算步骤所需要支付给矿工的费用,是一定数量的以太币。矿工可以根据 gas price 的大小对交易进行排序,然后按先后顺序打包到区块中。因此,发送者账户需要预付的以太币为 gas price * gas limit。如果交易在执行完后,gas limit 还有剩余,则剩余的 gas 会返还给发送账户。如果交易在执行的过程中,gas limit 被耗尽,将会触发一个"out-of-gas"异常,当前调用帧(call frame)所改变的状态将会被恢复,并且消耗的 gas 不会被退还。

2.2.2 实战

一、go-ethereum 部署

1. 安装 go-ethereum 客户端

(1) 在 Windows 上安装。

二进制包

所有版本的二进制包都可以在 https://geth.ethereum.org/downloads/上下载。该下载页面提供 installer 和 zip 文件。installer 可以自动将 geth 命令放入 PATH 环境变量。zip 文件包含 command.exe,使用时可以不用安装。

源代码

Windows 上的 Chocolatey 安装包管理器提供了一个简单的方式来获取编译工具。如果尚未安装 Chocolatey,可以首先根据 https://chocolatey.org 上的指示安装。然后,打开命令行窗口安装必要的编译工具。

```
C:\Windows\system32>choco install git

C:\Windows\system32>choco install golang

C:\Windows\system32>choco install mingw
```

之后,创建和设置 Go 工作目录,并且克隆源代码。

```
C:\Users\xxx>set "GOPATH = % USERPROFILE %"

C:\Users\xxx>set "Path = % USERPROFILE % \bin; % Path %"

C:\Users\xxx>setx GOPATH "% GOPATH %"
```

```
C:\Users\xxx> setx Path " % Path % "
C:\Users\xxx> mkdir src\github.com\ethereum
C:\Users\xxx> git clone https://github.com/ethereum/go-ethereum src\github.com\
ethereum\go-ethereum
C:\Users\xxx> cd src\github.com\ethereum\go-ethereum
C:\Users\xxx> go get -u -v golang.org/x/net/context
```

最后,编译 geth。

```
C:\Users\xxx\src\github.com\ethereum\go-ethereum> go install -v ./cmd/...
Mac OS X
```

(2) 使用 Homebrew 安装。

使用 Homebrew tap 安装是最为简便的方式。如果尚未安装 Homebrew,请根据 https://brew.sh/上的指示安装。然后,在命令行中输入以下命令:

```
$ brew tap ethereum/ethereum
$ brew install Ethereum
```

上面的步骤完成后,geth 就已经安装好了,输入以下命令确认安装成功:

```
$ geth --help
```

源代码

首先克隆源代码到本地。

```
$ git clone https://github.com/ethereum/go-ethereum
```

编译 geth 需要 Go 编译器。

```
$ brew install go
```

最后,使用以下命令编译 geth:

```
$ cd go-ethereum
$ make geth
```

如果编译过程中出现一些与 Mac 系统库头文件相关的错误,安装 Xcode 命令行工具,重新编译。

```
$ xcode-select -install
Ubuntu
```

(3) 从 PPA 上安装。

```
$ sudo apt-get install software-properties-common
$ sudo add-apt-repository -y ppa:ethereum/ethereum
$ sudo apt-get update
$ sudo apt-get install Ethereum
```

以上命令完成时,就可以运行 geth 命令。

源代码

首先克隆源代码到本地。

```
$ git clone https://github.com/ethereum/go-ethereum
```

编译 geth 需要安装 Go 和 C 编译器。

```
$ sudo apt-get install -y build-essential
```

最后，使用以下命令编译 geth：

```
$ cd go-ethereum
$ make geth
```

2. go-ethereum 客户端介绍

（1）可执行文件。

go-ethereum 提供了一系列可执行文件，每个可执行文件具有特定的功能。以下介绍常用的几个可执行文件。

① geth。geth 是 go-ethereum 的主要命令行客户端。通过 geth 命令，本地节点可以作为完全节点或轻节点连接到以太坊的主网络、测试网络或私有网络。其他进程可以通过 http、WebSocket 或 IPC 通道的方式连接到 geth 的 JSONRPC 端口，进而访问以太坊网络。

② abigen。abigen 是用于将以太坊智能合约定义转换为易于使用的、编译时类型安全的 Go 包。它接收以太坊合约的 ABIs，并且在提供合约字节码的情况下具有额外的功能。另外，它可以直接接收 Solidity 源文件。

③ bootnode。bootnode 是简化版的以太坊客户端，它只实现了网络节点发现协议。在私有网络中，它可以用作轻量的自启动节点，来帮助网络中的节点发现其他节点。

（2）运行 geth。

① 运行主网络上的完全节点。在大多数情况下，用户不需要关注历史数据。因此，可以运行一个完全节点，它无需下载历史数据，并且可以很快地和主网络的状态进行同步。

```
$ geth console
```

以上命令可以实现下面的 2 个功能：

功能 1   在快速同步（fast-sync）模式下启动 geth，它会下载必要的数据而不是全部的历史数据。

功能 2   启动 geth 内置的交互式 JavaScript 控制台（通过 console 子命令）。在该控制台中可以使用所有的 web3 方法和 geth 自带的管理 API。console 子命令是可选的，如果未输入 console 子命令或离开控制台，可以通过 gethattach 来启动它。

② 启动 Rinkeby 测试网络上的完全节点。Go-ethereum 同时支持以权威证明（proof-of-authority）为基础的 Rinkeby 测试网络。

```
$ geth --rinkeby console
```

启动其他测试网络与此相似，只需指定相应的测试网络名称即可。

③ 使用可编程连接的 geth 节点。开发者需要使用程序而不是控制台来与 geth 和以太坊网络进行。为了达到这个目的，geth 提供了内置的 JSON RPC APIs 支持。这些 API 可以通过 HTTP、WebSocket 或 IPC 的方式进行访问。IPC 接口在默认情况下会开启，并提供所有 geth 支持的 API，HTTP 和 WebSocket 接口则需要手动设置，并且由于安全原因只对外开放一部分的 API。

与 JSON RPC APIs 相关的选项包括:

--rpc 开启 HTTP-RPC 服务器

--rpcaddr HTTP-RPC 服务器监听接口(默认:localhost)

--rpcport HTTP-RPC 服务器监听端口(默认:8545)

--rpcapi 通过 HTTP-RPC 服务器开放 API 的组件(默认:eth, net, web3)

--rpccorsdomain 逗号分隔的域名列表,接收请求的域名列表

--wsaddr WS-RPC 服务器监听接口(默认:localhost)

--wsport WS-RPC 服务器监听端口(默认:8546)

--wsapi 通过 WS-RPC 服务器开放 API 的组件(默认:eth, net, web3)

--wsorigins 逗号分隔的域名列表,接收请求的域名列表

--ipcdisable 关闭 IPC-RPC 服务器

--ipcapi 通过 IPC-RPC 服务器开放 API 的组件(默认:admin, debug, eth, miner, net, personal, shh, txpool, web3)

--ipcpath datadir 目录中 IPC socket/pipe 的文件名

④ 启动一个通过 HTTP 方式连接的 geth 节点。

```
$ geth console -rpc
```

搭建一个私有网络。

创建私有的初始状态。

首先,需要为这个私有网络创建初始状态(genesis state),私有网络中所有节点都拥有并且同意该初始状态。这主要通过一个名为"genesis.json"的 JSON 文件来配置。

```
{
  "config": {
    "chainId": <arbitrary positive integer>,
    "homesteadBlock": 0,
    "eip150Block": 0,
    "eip155Block": 0,
    "eip158Block": 0,
    "byzantiumBlock": 0,
    "constantinopleBlock": 0,
    "petersburgBlock": 0,
    "istanbulBlock": 0
  },
  "alloc": {},
  "coinbase": "0x0000000000000000000000000000000000000000",
  "difficulty": "0x20000",
  "extraData": "",
  "gasLimit": "0xffffffff",
  "nonce": "0x0000000000000042",
```

```
"mixhash": "0x0000000000000000000000000000000000000000000000000000000000000000",
"parentHash": "0x0000000000000000000000000000000000000000000000000000000000000000",
"timestamp": "0x00"
}
```

chainId 可以为任意的正整数。上面的配置已经可以适用于大多数目的,除了可以修改
nonce 为任意值来防止未知节点加入网络。如果需要事先为某些账户设置一定的资金,可以
像以下一样使用 alloc:

```
"alloc": {
  "0x0000000000000000000000000000000000000001": {
    "balance": "111111111"
  },
  "0x0000000000000000000000000000000000000002": {
    "balance": "222222222"
  }
}
```

其中,"balabce"的单位为 Wei。通过以上的配置,需要在私有网络上的所有节点进行初始
化,并且初始化的过程要在节点启动之前保证区块链的参数设置正确。输入以下的命令:

$ geth init path/to/genesis.json

⑤ 创建自启动节点。在私有网络所有节点初始化之后,需要创建一个自启动节点,来帮
助不同的节点发现对方。最简便的方式是配置并运行一个 bootnode。

$ bootnode --genkey = boot.key
$ bootnode --nodekey = boot.key

上面的命令会输出一个 enode URL,其他节点可以使用该 enode URL 连接到它并且交换
节点信息。需要替换该 URL 中的 IP 地址为节点的真正 IP 地址。例如,

enode://8da91806753024fb0daeb46a7d30a1e92483de03ff48804be10cbd84fd48a1a4cf4759feaf342222a211bfbffe1ca3f8d8f23d105543c7e424329fca108c77c2@[::]:30301

可以替换如下:

enode://8da91806753024fb0daeb46a7d30a1e92483de03ff48804be10cbd84fd48a1a4cf4759feaf342222a211bfbffe1ca3f8d8f23d105543c7e424329fca108c77c2@127.0.0.1:30301

⑥ 启动成员节点。在自启动节点运行之后,可以在成员节点上通过指定 bootnodes 选项
来设置自启动节点,设置的值为上面的 enode URL。另外,可以通过指定 datadir 选项来指定
数据存放位置,单独存放私有网络的数据。

$ geth --datadir = path/to/custom/data/folder --bootnodes = < bootnode -enode -url-
from-above>

⑦ 运行私有挖矿节点。输入以下命令,运行一个挖矿节点:

$ geth<usual-flags> --mine --miner.threads = 1
--etherbase = 0x0000000000000000000000000000000000000000

其中,etherbase 指定了挖矿的受益账户。需要注意的是,对于一个节点,所有设置的选项需要在同一条命令中。

二、使用 ganache

1. ganache 简介

ganache 是一个以太坊上用于部署合约、开发应用和运行测试的私有区块链。ganache 具有桌面应用和命令行工具两种使用方式,支持 Windows、Mac 和 Linux。

2. ganache 安装

在 https://github.com/trufflesuite/ganache/releases 上下载合适的版本。

(1) Windows:Ganache-*.app。

(2) Mac:Ganache-*.dmg。

(3) Linux:Ganache-*.AppImage。

3. 创建应用空间

首次打开 ganache 时,将会看到如图 2-9 所示的主界面。可以选择载入已有应用空间(如果存在的话),创建定制的应用空间和快速开始(创建一个新的默认配置的区块链)。

一旦创建了新的应用空间,界面会显示一些关于服务器的详细信息,并且展示 10 个账户。每个账户都有 100 个以太币,可以进行应用开发测试使用。

图 2-9　ganache 的主界面

图 2-10　ganache 的账户界面

图 2-10 所示的界面共有 5 个页面:

(1) **账户**(Accounts)。显示账户的地址和余额。

(2) **区块**(Blocks)。显示已生成区块的详细信息,包含 gas 使用量和交易。

(3) **交易**(Transactions)。显示所有交易信息。

(4) **合约**(Contracts)。显示应用空间中 Truffle 项目的所有合约。

(5) **事件**(Events)。显示应用空间创建以来所有的事件。

(6) **日志**(Logs)。显示对 debug 有用的服务器信息。

思考题

1. gas limit 和 gas price 存在的作用和意义是什么?

2. 一个私有网络的数据存放在 data 目录中,写一个命令启动该网络,并允许 remix(http://remix.ethereum.org)访问。

智能合约开发

§3.1 链块式结构

区块数据结构如图 3-1 所示。进行智能合约开发需要充分理解区块链的链块式结果及其带来的特点。例如,已被成功记录的数据不可更改,仅可使用追加数据的方式进行更新;区块由多笔交易组成,最初设计目的是便于验证。

部分内容可参见本书 1.3.2 节中"链式数据结构"。

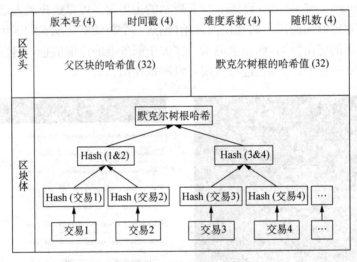

图 3-1　区块数据结构图

§3.2 交易

交易(transaction)是区块链的重要关键词。区块是由一系列交易构成的,**交易**就是区块链中所记载的数据内容,在比特币中可以理解为货币的拥有权转移,在其他的系统还可以理解为数据的变化。一个**交易的完整过程**是用户提出交易、发布至区块链系统、矿工验证打包,形成一系列区块,区块被记录。

不同的系统对交易记录的设计有所区别,比较有特色的是比特币的 UTXO 机制。

3.2.1 比特币的交易

在比特币系统中,比特币并不是记录在账户下的,而是记录在比特币的信息中。例如,身份证 id 为"×××"的小王拥有印有编号为"888"的 10 元钱,在日常生活中,会记录小王有 10 元钱;在比特币系统中,记录的是编号为"888"的 10 元钱的拥有者是身份证 id 为"×××"

的小王。

因此，比特币的交易也有所不同，记录的是比特币持有方的改变。用来记录持有者与比特币关系的数据结构就是 UTXO。

3.2.2　什么是 UTXO

UTXO 的全称是"Unspent Transaction Output"，翻译成中文就是"未花费的交易输出"，是比特币特有的一种账户结构。对比不同的区块链系统，以太坊是以账户为基本单元进行状态变更的，比特币则是以 UTXO 进行变更的，每个比特币账号里面拥有的是比特币，而如何决定一个账号拥有多少比特币就要看它拥有控制权的 UTXO 的总价值是多少。

一、UTXO 是怎么产生的

所有的比特币最初都是由挖矿产生的（即 coinbase 交易），这种交易是没有输入的，输出地址指向矿工账户，这笔钱后来被矿工消费流入比特币网络中变为普通交易。普通的交易至少存在一笔输入，至少产生一笔输出，这笔输出就是"未花费的交易输出"，也就是 UTXO。

二、如何判断一个账户是否拥有一个 UTXO

图 3-2 是一个比特币的交易信息，可以看到 input 的结构中包含如下内容：

```
Input:
Previous tx: f5d8ee39a430901c91a5917b9f2dc19d6d1a0e9cea205b009ca73dd04470b9a6
Index: 0
scriptSig: 304502206e21798a42fae0e854281abd38bacd1aeed3ee3738d9e1446618c4571d10
90db022100e2ac980643b0b82c0e88ffdfec6b64e3e6ba35e7ba5fdd7d5d6cc8d25c6b241501

Output:
Value: 5000000000
scriptPubKey: OP_DUP OP_HASH160 4043371705fa9bd789a2fcd52d2c580b65d35549d
OP_EQUALVERIFY OP_CHECKSIG
```

图 3-2　比特币交易信息

（1）Previous tx：表示输入 UTXO 是从哪笔交易中产生的，这样就定位了一个以前的输出 UTXO 作为这次的输入。

（2）Index：这次交易的第几个输入。

（3）scriptSig：即解锁脚本，包含私钥签名和公钥两个部分。

再看一下交易产生的 output：

（1）Value：该 UTXO 拥有的金额。

（2）scriptPubKey：产生该 UTXO 后出现的锁定脚本。该脚本中包含公钥哈希和一些操作符。

解锁脚本可以验证用户是否拥有 UTXO，一个解锁脚本包括私钥签名和公钥。解锁脚本用来解锁一个 UTXO 上存在的锁定脚本。也就是说，如果用户的解锁脚本能够解锁一个 UTXO 上的锁定脚本，那么，就证明他拥有该 UTXO 的使用权。

三、不能被分离的 UTXO

一个 UTXO 是由另外几个 UTXO 被花费产生的。如果某个用户拥有一个 10 比特币的 UTXO 和一个 5 比特币的 UTXO，当他想买一个 12 比特币的物品时，输入就是 15 个比特币的 2 个 UTXO(一个 10 比特币,一个 5 比特币),输出就是 3 比特币的 UTXO 返回给用户账户和一个 12 比特币的 UTXO 给卖家账户。可以将 UTXO 理解为某种形式的纸币,买东西的时候不能将纸币撕开去消费,只能通过找零的方式去消费。

可以看出,一个账户的所有 UTXO 的总和即该账户拥有的比特币金额。常见的钱包应用都是通过遍历 UTXO 数据库,找到账户的所有 UTXO 并求和得出余额的。

3.2.3　以太坊交易

以太坊与比特币不同。以太坊是以账户为单位来记录账户状态的,而导致账户状态发生变化的就是交易。

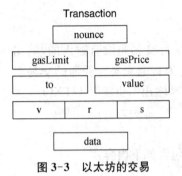

图 3-3　以太坊的交易

以太坊的交易主要是指一个外部账户发送到以太坊上另一账户的消息的签名数据块,如图 3-3 所示。如下是交易内容:

(1) from:交易发送者的地址(必填)。

(2) to:交易接收者的地址。如果为空,则表示这是一个创建智能合约的交易。

(3) value:转移的以太币数量。

(4) data:如果存在,表明该交易是一个创建智能合约或者调用智能合约交易的参数。

(5) gasLimit:表示这个交易允许消耗的最大 Gas 数量。

(6) gasPrice:表示发送者愿意支付的 Gas 价格。

(7) nounce:发送方发起过的交易次数。

(8) hash:由以上信息生成的哈希值,作为交易的 ID。

(9) r、s、v:用来识别交易发送方对 hash 的签名。

根据 data 字段的有无,可以简单地将以太坊交易分为两种:一种是引起智能合约创建或者执行的消息调用;另一种是普通的转账交易。图 3-4 是真实以太坊中的消息调用交易截图。

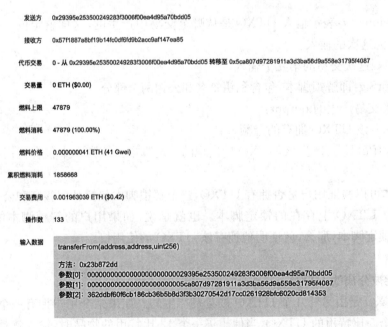

图 3-4　消息调用交易

实际输入数据内容用十六进制表示,图 3-5 为解析后的结果。输入数据的内容就是该消息调用的智能合约中的方法名及输入参数。

3.2.4　交易特点

可以对交易特点作一个总结:

（1）比特币是基于 UTXO 模型的,比特币交易的结果仅是更改了该 UTXO 的持有者。

（2）UTXO 总是有迹可循的,总是由几个 UTXO 产生,并且最终来源于 coinbase 交易。

（3）UTXO 作为交易的输入时,总是会选取大于、等于转账金额的 UTXO 作为输入,无法进行拆分。

（4）以太坊是基于账户模型的,以太坊的交易结果最终会导致账户状态发生改变。

（5）根据 data 字段的有无,以太坊交易分为消息调用和转账交易两种,分别会导致合约账户和外部账户的状态改变。

思考题

1. UTXO 是怎么实现可追溯的?
2. UTXO 如何解决双花问题?
3. 简述以太坊的交易流程。
4. 以太坊为什么将交易分为两种?

§3.3　世界状态

在智能合约的开发中,对中间状态的数据存取是非常重要的。这些中间状态的最新值是以键值对方式保存在数据库中的,它们被称为**世界状态**,和链上数据一同组织形成了账本,可以认为世界状态是由区块链上数据完整执行获得的最终结果(图 3-5)。

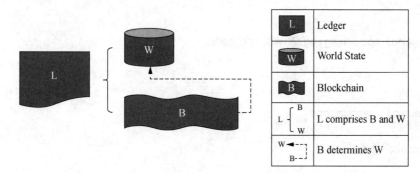

L	Ledger
W	World State
B	Blockchain
L { B W	L comprises B and W
W ◄ B--	B determines W

图 3-5　世界状态

§3.4　学习 Go 语言

作为快速开发的高效语言之一,Go 被广泛地用于区块链项目开发。Fabric 项目的合约 chaincode 就使用了 Go 语言。

下面会简单介绍 Go 语言的特点,指导读者快速了解基于 Go 的 chaincode 开发所需的基本语法。

如果需要进一步深入学习,互联网上有很多关于 Golang 的教程。例如,Golang 的官方网站文档,以及 *The Go Programming Language* 等经典教程,读者如果有兴趣可以自行研究。部分参考资料如 https://yar999.gitbooks.io/gopl-zh/content/等。

3.4.1　安装 Go 环境

一、MacOS

从 Golang 的官方网站可以下载面向 MacOS 的 pkg 安装包,直接双击安装即可。默认的安装位置为"/usr/local/go"。

也可以采用简易的方式安装,首先安装 MacOS 的便捷安装工具 Homebrew。

```
$ ruby -e "$(curl -fsSL https://raw.githubusercontent.com/Homebrew/install/
master/install)"
```

随后在命令行敲入如下代码,即可正常安装。

```
$ brew install go
```

二、Windows

从 Golang 的官方网站可以下载面向 Windows 的 msi 安装包,或者直接下载编译好的版本,安装过程不在此详述。默认的安装位置一般为"c:\Go",如果不是使用安装包安装,需要设置系统路径,增加"c:\Go\bin"(或者安装目录"\bin")。

3.4.2　检查安装效果

安装完成后,在命令行的任意目录敲入"go",可以看到执行结果。如果存在无法运行,需要检查路径设置等。

```
$ go
Go is a tool for managing Go source code.

Usage：

go <command> [arguments]

The commands are：

    bug                start a bug report
    build              compile packages and dependencies
    clean              remove object files and cached files
```

以下内容省略,请直接执行查看完整输出结果。

3.4.3　从 Helloworld 开始

打开文本编辑器,输入如下内容:

```
package main

import "fmt"

func main() {
    fmt.Println("你好,世界")
}
```

保存为"hello.go"。

随后执行"go build hello.go",即可将 Go 源代码编译为可执行文件。随后即可直接运行。

```
$ ./hello
你好,世界
```

以下简单介绍 Go 语言的特点。

3.4.4　语法特点

从上面的例子可以看到,Go 语言不使用分号作为行结束符,换行直接回车即可。

语法强行规定,左大括号"{"必须和函数声明或控制结构放在同一行。

Go 语言没有 public 和 private 之类的关键字,使用首字母大小写来决定常量、变量、类型、接口、结构或函数的可见性。大写即为可见。

一、包和导入

在刚才的代码中,第一句为包声明,通常用来区分代码命名空间,用于支持模块化、封装、独立编译和代码重用。

```
package main
```

第二部分就是该段程序导入的依赖库。在上面的例子中,使用了 fmt 标准库,主要用于输入、输出等。在需要导入多条时,可以使用多条 import 并列,或者使用分组导入,即使用圆括号"()"方式实现。

```
import "fmt"

import "fmt"
import "math"

import (
    "fmt"
    "math"
)
```

在 chaincode 的开发中,需要导入 chaincode 的依赖库来提供接口支持,可以看到导入 shim 库的路径写法。

```
Import (
"github.com/hyperledger/fabric/core/chaincode/shim"
```

```
"fmt"
)
```

shim 库包含一系列 chaincode 依赖的 API,提供和区块链环境进行交互的方法,包括访问状态数据、交易数据、链码之间调用等。

二、Main 入口

Go 程序的起点为 main 函数,程序将从 main 开始顺序执行,因此,通常会在其中做环境初始化的工作。在 chaincode 中也是如此。

三、关键字

Go 中使用如下关键字:

break	default	func	interface	select
case	defer	go	map	struct
chan	else	goto	package	switch
const	fallthrough	if	range	type
continue	for	import	return	var

四、运算符

Go 中使用如下运算符:

```
+   &   +=   &=   &&   ==   !=   ( )
-   |   -=   |=   ||   <    <=   [ ]
*   ^   *=   ^=   <-   >    >=   { }
/   <<  /=   <<=  ++   =    :=   ,  ;
%   >>  %=   >>=  --        !... .  :
    &^       &^=
```

五、类型

Go 支持布尔类型、数值类型和字符串 3 种类型。

1. 布尔类型

Bool//true false

2. 数值类型

uint8	the set of all unsigned 8-bit integers (0 to 255)
uint16	the set of all unsigned 16-bit integers (0 to 65535)
uint32	the set of all unsigned 32-bit integers (0 to 4294967295)
uint64	the set of all unsigned 64-bit integers (0 to 18446744073709551615)
int8	the set of all signed 8-bit integers (-128 to 127)
int16	the set of all signed 16-bit integers (-32768 to 32767)

```
int32       the set of all signed 32-bit integers (－2147483648 to 2147483647)
int64       the set of all signed 64-bit integers (－9223372036854775808 to
            9223372036854775807)

float32     the set of all IEEE-754 32-bit floating-point numbers
float64     the set of all IEEE-754 64-bit floating-point numbers

complex64   the set of all complex numbers with float32 real and imaginary parts
complex128  the set of all complex numbers with float64 real and imaginary parts

byte        alias for uint8
rune        alias for int32

uint        either 32 or 64 bits
int         same size as uint
uintptr     an unsigned integer large enough to store the uninterpreted bits of a
            pointer value
```

3. 字符串

```
string
```

六、数组、切片和分片

1. 数组

数组(array)定义为固定长度相同类型的元素,长度必须大于 0。

```
[32]byte
[2 * N] struct { x, y int32 }
[1000] * float64
[3][5]int
[2][2][2]float64   // same as [2]([2]([2]float64))
```

可以使用内置的 new 方法来创建数组,此方法返回一个指向数组的指针。

```
a : = new([10]int)
```

2. 切片

切片(slice)为指向数组的指针。比数组更为灵活,可以关联部分数组,具备扩容、复制能力。未初始化的切片为"nil."。

```
slice1 = array1[start : end]
```

3. 分片

分片则定义为带上下标的数组,可以使用 make 和 new 方法创建。

```
make([]T, 长度, 容量)
```

```
make([]int, 50, 100)
new([100]int)[0:50]
```

七、变量和常量

1. 变量

Go 语言使用 var 定义变量,类型声明放在后面。

```
var x int
var y, z string
```

定义变量时可以直接初始化,Go 语言可以根据初始化值定义变量类型,省略显示类型声明。

初始化值明确的时候,可以用":="直接进行赋值,省略 var 标记。

未明确初始化的数值变量被赋值为"0",布尔类型为"false",字符串类型为""(空字符串)"。

```
var i, j int = 1, 2
var i, j = 1, 2

i := 1
```

2. 常量

当使用 const 关键字时,定义为常量,可以为数值、字符串、布尔值,常量不可以使用":="。

```
const Pi = 3.14159
const Zero = "0"
const Truth = true
```

八、结构体

Go 使用 struct 关键字来定义结构体。

```
// 空 struct
struct {}

// 6 个参数的 struct
struct {
    x, y int
    u float32
    _ float32
    A *[]int
    F func()
}
```

在 chaincode 开发中,需要使用到 SimpleChaincode 结构。

```
type SimpleChaincode struct {
}
```

九、逻辑控制

Go 语言使用常见的 for 循环方式,通常初始化循环语句包括初始化、停止条件、循环步进控制,使用分号分割,没有外部括号;循环体用大括号包围。

停止条件计算结果为"False"时跳出循环。

```
j : = 0
for i : = 0; i < 10; i ++ {
    j += i
}
```

特殊情况下,可以省略初始化和步进控制部分,分号可以保留,也可以去掉。

```
i : = 0
for ; i < 10;   {
    i += 1
}
```

```
i : = 0
for i < 10 {
    i += 1
}
```

条件判断语句为 if, else。

```
i : = 0
if i < 10 {
    i += 1
} else {
    i -= 1
}
```

还有条件判断语句 switch。

十、函数

函数的语法如下:

定义 func 函数名参数类型返回值类型〈函数体〉

与其他语言较为不同,函数的类型放在了后面。值得注意的是,多个参数类型相同时,可以省略前面的类型,仅保留最后一个。

```
func add(x int, y int) int {
    return x + y
}
```

```go
func add(x, y int) int {
    return x + y
}
```

参数和返回值都可以有多个。

```go
func swap(x, y string) (string, string) {
    return y, x
}
```

```go
func()
func(x int) int
func(a, _ int, z float32) bool
func(a, b int, z float32) (bool)
func(prefix string, values ...int)
func(a, b int, z float64, opt ...interface{}) (success bool)
func(int, int, float64) (float64, *[]int)
func(n int) func(p *T)
```

3.4.5 智能合约

一、Chaincode 简述

Chaincode 是实现了一个预定义的接口的程序。可由 Go 语言编写,并最终会支持 Java 等其他语言。Chaincode 运行在一个受保护的 Docker 容器中,并且与背书节点隔离。可通过应用程序提交的交易来初始化和管理账本。

一个 Chaincode 通常处理网络上组织成员共同认可的业务逻辑,因此,Chaincode 等同于 "智能合约"。Chaincode 之间是相互隔离的,但在相同网络且获得许可的情况下,一个 Chaincode 可以调用另一个 Chaincode 来访问它存储的状态。

二、Chaincode API

每个 Chaincode 必须实现 Chaincode 接口,接口中方法会被应用程序提交的交易调用。其中,Init 方法会在接收到 instantiate 或 upgrade 交易时调用,用于初始化 Chaincode 的状态; Invoke 方法会在接受到 invoke 交易时调用,用于对账本进行管理。下面会用一个简单的 Chaincode 示例来演示接口的使用方法。

三、简单的状态管理 Chaincode

以一个简单的状态管理应用为例。首先在"＄GOPATH/src/"目录下为应用创建一个子目录。使用如下命令:

```
$ mkdir -p $GOPATH/src/chaincode && cd $GOPATH/src/chaincode
```

接着创建一个 example.go 文件。

```
$ touch example.go
```

上面提到，每个 Chaincode 必须实现 Chaincode 接口。为了实现这些接口，需要引入一些依赖：chaincode shim 和 peer protobuf 两个包。

```
package main

import (
    "fmt"
    "strconv"

    "github.com/hyperledger/fabric-chaincode-go/shim"
    "github.com/hyperledger/fabric-protos-go/peer"
)
```

首先，定义一个 SimpleContract 结构体用于实现接口。

```
type SimpleContract struct {

}
```

1. Init 函数

接下来，实现 Init 函数。首先添加 Init 函数签名。

```
func (t * SimpleContract) Init(stub shim.ChaincodeStubInterface) peer.Response {

}
```

上面的签名表明函数接受一个 shim.ChaincodeStubInterface 对象，并返回一个 peer. Response 对象。ChaincodeStubInterface 对象中提供了大量的方法，用于查询和修改所存储的状态；Response 对象则用来包装返回参数。以下是 Init 参数的实现。

```
func (t * SimpleContract) Init(stub shim.ChaincodeStubInterface) peer.Response {
    args := stub.GetStringArgs()
    if len(args) != 2 {
        return shim.Error("Incorrect arguments. Expecting a key and a value")
    }

    _, err := strconv.Atoi(args[1])
    if err != nil {
        return shim.Error("Expecting integer value for state.")
    }

    err = stub.PutState(args[0], []byte(args[1]))
    if err != nil {
        return shim.Error(fmt.Sprintf("Failed to create state: % s", args[0]))
    }
    return shim.Success(nil)
```

```
}}
```

在 Init 函数中，首先使用 ChaincodeStubInterface.GetStringArgs 方法来获取交易传入的参数。在这个例子中，函数预期传入的是键值对。接下来使用 strconv.Atoi(args[1]) 来检测第二个参数是否为数字。如果 arg[1] 为数字，则使用 ChaincodeStubInterface.PutState 方法来保存 key 和 value。要注意到 PutState 需要接收 string 类型的 key 和[]byte 类型的 value。

2. Invoke 函数

接下来，添加 Invoke 函数的签名。

```
func (t *SimpleContract) Invoke(stub shim.ChaincodeStubInterface) peer.Response
{

}
```

和 Init 函数一样，需要 ChaincodeStubInterface 提供的方法来获取参数。但不同的是需要使用 ChaincodeStubInterface.GetFunctionAndParameters 来获取想要调用的函数名称和需要传入函数的参数。以下是 Invoke 函数的实现。

```
func (t *SimpleContract) Invoke(stub shim.ChaincodeStubInterface) peer.Response
{
        function, args := stub.GetFunctionAndParameters()
        if function == "get" {
            return t.get(stub, args)
        } else if function == "set" {
            return t.set(stub, args)
        }
        return shim.Error("Invalid invoke function name. Expecting \"get\" \"set\"")
}
```

3. 可调用的函数

get 和 set 是两个可供调用的方法。get 和 set 方法接受 ChaincodeStubInterface 对象和交易提供的参数，并返回 Response 对象。

以下是 get 的实现。

```
func (t *SimpleContract) get (stub shim.ChaincodeStubInterface, args []
string) peer.Response {
        if len(args) != 1 {
            return shim.Error("Incorrect arguments. Expecting a key and a value")
        }
        var key string
        var err error
        key = args[0]
        valBytes, err := stub.GetState(key)
        if err != nil {
```

```
        return shim.Error(fmt.Sprintf("Fail to get state：%s", key))
    }
    if valBytes == nil {
        return shim.Error(fmt.Sprintf("Nil amount：%s.", key))
    }
    return shim.Success(valBytes)
}
```

注意到 shim.Success 接收一个[]byte 类型的对象，而 stub.GetState(key)返回的类型刚好是[]byte 类型，因此，无须对其进行转换。

set 方法的代码和 Init 相似。

```
func (t *SimpleContract) set (stub shim.ChaincodeStubInterface, args []
string) peer.Response {
    if len(args) != 2 {
        return shim.Error("Incorrect arguments. Expecting a key and a value")
    }
    _, err := strconv.Atoi(args[1])
    if err != nil {
        return shim.Error("Expecting integer value for state")
    }

    err = stub.PutState(args[0], []byte(args[1]))
    if err != nil {
        return shim.Error(fmt.Sprintf("Failed to set state：%s", args[0]))
    }
    return shim.Success(nil)
}
```

4. main 入口函数

最后，提供一个 main 函数。它通过调用 ChaincodeStubInterface.Start 函数来启动 Chaincode。

```
func main() {
    if err := shim.Start(new(SimpleContract)); err != nil {
        fmt.Printf("Error starting SimpleContract chaincode：%s", err)
    }
}
```

5. 完整的代码

```
package main

import (
```

```go
        "fmt"
        "strconv"

        "github.com/hyperledger/fabric-chaincode-go/shim"
        "github.com/hyperledger/fabric-protos-go/peer"
)

type SimpleContract struct {
}

func (t *SimpleContract) Init(stub shim.ChaincodeStubInterface) peer.Response {
    args := stub.GetStringArgs()
    if len(args) != 2 {
        return shim.Error("Incorrect arguments. Expecting a key and a value")
    }

    _, err := strconv.Atoi(args[1])
    if err != nil {
        return shim.Error("Expecting integer value for state")
    }

    err = stub.PutState(args[0], []byte(args[1]))
    if err != nil {
        return shim.Error(fmt.Sprintf("Failed to create state: %s", args[0]))
    }
    return shim.Success(nil)
}

func (t *SimpleContract) get(stub shim.ChaincodeStubInterface, args []string) peer.Response {
    if len(args) != 1 {
        return shim.Error("Incorrect arguments. Expecting a key and a value")
    }
    var key string
    var err error
    key = args[0]
    valBytes, err := stub.GetState(key)
    if err != nil {
        return shim.Error(fmt.Sprintf("Fail to get state: %s", key))
    }
    if valBytes == nil {
        return shim.Error(fmt.Sprintf("Nil amount: %s.", key))
```

```go
    }
        return shim.Success(valBytes)
    }

    func (t *SimpleContract) set (stub shim.ChaincodeStubInterface, args []
string) peer.Response {
        if len(args) != 2 {
            return shim.Error("Incorrect arguments. Expecting a key and a value")
        }
        _, err := strconv.Atoi(args[1])
        if err != nil {
            return shim.Error("Expecting integer value for state")
        }

        err = stub.PutState(args[0], []byte(args[1]))
        if err != nil {
            return shim.Error(fmt.Sprintf("Failed to set state: %s", args[0]))
        }
        return shim.Success(nil)
    }

    func (t *SimpleContract) Invoke (stub shim.ChaincodeStubInterface) peer.
Response {
        function, args := stub.GetFunctionAndParameters()
        if function == "get" {
            return t.get(stub, args)
        } else if function == "set" {
            return t.set(stub, args)
        }
        return shim.Error("Invalid invoke function name. Expecting \"get\" \"set\"")
    }

    func main() {
        if err := shim.Start(new(SimpleContract)); err != nil {
            fmt.Printf("Error starting SimpleContract chaincode: %s", err)
        }
    }
```

6. 测试

Fabric 提供了 Chaincode 测试框架,开发者无须部署合约到 Fabric 网络上就可以对代码
进行测试,这大大提高了 Chaincode 的开发效率。以下针对本节开发的 Chaincode 展示如何
编写测试代码。

```
package main

import (
    "fmt"
    "testing"

    "github.com/hyperledger/fabric-chaincode-go/shim"
    "github.com/hyperledger/fabric-chaincode-go/shimtest"
)

func checkInit(t * testing.T, stub * shimtest.MockStub, args [][]byte) {
    res := stub.MockInit("1", args)
    if res.Status != shim.OK {
        fmt.Println("Init failed", string(res.Message))
        t.FailNow()
    }
}

func checkState (t *testing.T, stub *shimtest.MockStub, name string, value
string) {
    bytes := stub.State[name]
    if bytes == nil {
        fmt.Println("State", name, "failed to get value")
        t.FailNow()
    }
    if string(bytes) != value {
        fmt.Println("State value", name, "was not", value, "as expected")
        t.FailNow()
    }
}

func checkGet(t *testing.T, stub *shimtest.MockStub, name string, value string) {
    res := stub.MockInvoke("1", [][]byte{[]byte("get"), []byte(name)})
    if res.Status != shim.OK {
        fmt.Println("get", name, "failed", string(res.Message))
        t.FailNow()
    }
    if res.Payload == nil {
        fmt.Println("get", name, "failed to get value")
        t.FailNow()
    }
    if string(res.Payload) != value {
```

```
            fmt.Println("get value", name, "was not", value, "as expected")
            t.FailNow()
        }
    }

func checkSet(t * testing.T, stub * shimtest.MockStub, args [][]byte) {
    res := stub.MockInvoke("1", args)
    if res.Status != shim.OK {
        fmt.Println("Invoke", args, "failed", string(res.Message))
        t.FailNow()
    }
}

func Test_Init(t * testing.T) {
    cc := new(SimpleContract)
    stub := shimtest.NewMockStub("sccc", cc)
    // Init a = 10
    checkInit(t, stub, [][]byte{[]byte("a"), []byte("10")})
    checkState(t, stub, "a", "10")
}

func Test_Get(t * testing.T) {
    cc := new(SimpleContract)
    stub := shimtest.NewMockStub("sccc", cc)
    checkInit(t, stub, [][]byte{[]byte("a"), []byte("10")})
    checkGet(t, stub, "a", "10")
}

func Test_Set(t * testing.T) {
    cc := new(SimpleContract)
    stub := shimtest.NewMockStub("sccc", cc)
    checkInit(t, stub, [][]byte{[]byte("a"), []byte("10")})
    checkSet(t, stub, [][]byte{[]byte("set"), []byte("a"), []byte("20")})
    checkGet(t, stub, "a", "20")
}
```

思考题

1. 求 $1+2!+3!+\cdots+20!$ 的和。

2. 打印出所有的"水仙花数"。所谓"水仙花数"是指一个三位数,其各位数字的立方和等于该数本身。例如:153 是一个"水仙花数",因为 $153=1$ 的三次方$+5$ 的三次方$+3$ 的三次方。

3. 以下变量声明中哪些是正确的?

```
var i = 1
var i int
var i = int
 i : = 1
 i = 1
```

4. 请简述数组和切片的区别。

§3.5 Solidity 语言

3.5.1   Remix 与 Solc 编译器

一、Remix

Remix 是一个用于 Solidity 开发的开源智能合约开发环境,提供基本的编译、测试、部署以及合约执行等功能。Remix-ide 是一款在线 IDE,也提供本地版本,它可以在没有网络的线下环境使用。

1. 安装 Remix-ide

本地 Remix-ide 安装依赖于 nodejs,因此,需要先参照 https∶//nodejs.org/zh-cn/安装 nodejs。

Remix-ide 已被发布为 nodejs 模块,可以直接通过 npm 安装。

```
$ npm install remix-ide -g    //通过 npm 安装 remix-ide;
$ remix-ide    //运行 remix-ide
```

此时,就会启动一个 8080 端口。在浏览器中输入"http∶//localhost∶8080",即可打开编译器(图 3-6)。

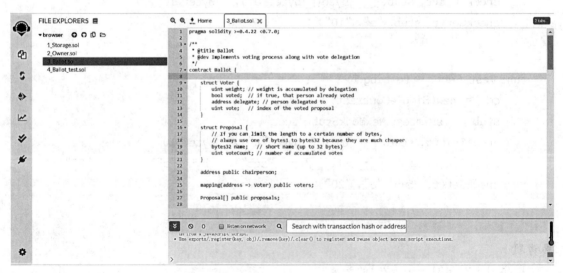

图 3-6   安装 Remix-ide

2. 编译合约

点击"＋"新增加合约,如图 3-7 中蓝框部分所示。

复制或输入合约内容到文本区域后，Remix 会自动进行编译（图 3-8）。

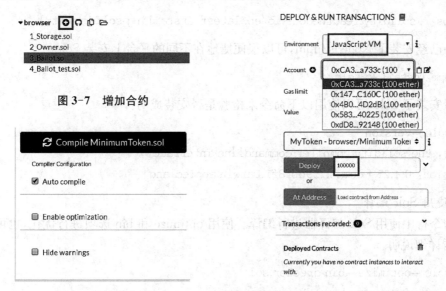

图 3-7　增加合约

图 3-8　编译合约　　　图 3-9　选择 DEPLOY & RUN TRANSACTIONS 图标

3. 部署合约

在部署合约之前，首先需要有编译完成的合约。在左侧的工具栏选择 DEPLOY & RUN TANSACTIONS 图标（图 3-9）。在弹出的侧边栏中可以设置环境、账户、Gas Limit 等配置，其中，环境有如下选项：

（1）JavaScript VM：所有的交易会在浏览器的一个沙箱区块链中执行。这意味着刷新页面时，所有数据都不会被保存。

（2）Injected Provider：Remix 将会连接到注入的 web3 实例，如 Metamask。

（3）Web3 Provider：Remix 将会连接到远程的节点。需要设置 URL 和客户端类型。

输入合约的构造器参数，点击 Deploy 按钮就可以进行部署（图 3-10）。

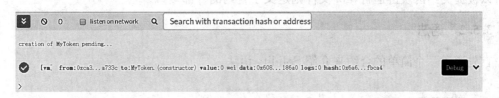

图 3-10　部署合约

4. 调用合约

在侧边栏底部的 Deployed Contracts 中可以看到合约的方法，在方法的输入框中输入参数、点击方法名称，即可对方法进行调用（图 3-11）。

二、Solc

1. 安装 Solidity 编译器

Solidity 提供了多种方式进行下载安装，无论是通过二进

图 3-11　调用合约

制包,或者是从源代码编译。可以从以下的文档链接中找到详细的说明:

https://solidity.readthedocs.io/en/latest/installing-solidity.html

如果已经安装了 Node.js/npm,可以很便捷地在不同的平台上安装 Solc:

```
$ npm install -g solc
```

一旦安装了 Solc,可以使用以下命令来检验是否安装成功:

```
$ solc --version
solc, the solidity compiler commandline interface
Version:0.4.25+commit.59dbf8f1.Darwin.appleclang
```

2. 使用 Solc 编译

在命令行中使用 Solc 编译器进行编译。使用 optimize 和 bin 选项进行优化,也可以通过 help 查看详细说明。

```
$ solc --optimize --bin greeter.sol
======= greeter.sol:greeter =======
Binary:
608060405234801561001057600080fd5b5060405161031d38038061031d8339810160408181
528251600080546001600a060020a0319163317905581830190915260008083527f554353466e6574
206c69766573210000000000000000000000000000000000006020909301928352920191610007d91
600191610084565b505061011f565b8280546001816001161561010002031660029004906000526020
2060002090601f016020900481019282601f106100c557805160ff19168380011785556100f2565b
82800160010185558215610f2579182015b828111156100f257825182559160200191906001019
06100d7565b506100fe929150610102565b5090565b61...
```

Solc 的编译结果是一个二进制文件 greeter.bin 和一个 abi 文件 greeter.abi。其中,bin 文件可以被提交给区块链运行,abi 文件则定义了合约的外部接口。

3.5.2 语法

首先通过一个简单的合约来介绍 Solidity 语法。

一、示例代码

示例:

```
pragma solidity ^0.4.22;
contract greeter {
 string greeting;
 constructor (string _greeting) public {
     greeting = _greeting;
 }

function greet() public view returns (string) {
```

```
    return greeting;
    }
}
```

合约的第一行表明源代码使用的 Solidity 版本是 0.4.22,并且 0.4.22 以上的版本也可以运行。"^"表示版本号中最左边的非零数字右侧可以任意。这一行代码是为了确保合约不会在新版本的编译器中行为异常。代码行"string greeting"声明一个类型为 string 的状态变量叫做"greeting"。接下来合约定义了一个构造函数 constructor,在合约创建时,该函数会被运行,状态变量 greeting 会被设置为传入的参数。函数 greet 则提供了一个外部接口用于访问 greeting,可以通过外部账户发起交易,返回 greeting 的值。

二、类型

1. 值类型

值类型变量按值进行传递。当这些变量用在函数参数或赋值语句中,总会进行值拷贝。

(1)布尔类型。

➤ bool:可能取值为 true 或 false。

➤ 运算符:!(not),&&(and),||(or),==(equal),!=(not equal)。

(2)整型。

➤ Int/uint:有符号和无符号的不同位数的整型变量。支持关键字 int8 到 int256,以及 uint8 到 uint256,以 8bit 增长。没有后缀的话,默认为 256bit。

(3)定长浮点型。

➤ fixed / ufixed:表示各种大小的有符号和无符号的定长浮点型,定义为 ufixedMxN。其中,"M"是位大小,从 8 到 256,以 8 为单位递增;"N"表示小数位数,可以为 0 到 80 之间的任意数。没有后缀的话,分别表示 fixed128x19 和 ufixed128x19。

(4)地址类型。

➤ address:存储一个 20 字节的值,表示一个以太坊地址。地址类型带有成员变量 balance、transfer、send 等。

(5)定长字节数组。

➤ byte:byte1, byte2, …, byte32。byte 表示 byte1。

(6)枚举类型。

通过使用关键字 enum 定义,如 enum Color{green, blue, red}。可以像这样使用:Color color = Color.green。

2. 函数类型

函数类型是表示函数的类型,可以像其他类型的变量一样使用,如赋值给另一个函数类型,作为函数参数传递或作为函数返回值。函数类型又分为内部函数和外部函数。内部函数只能在当前合约内调用,外部函数由地址和签名组成,可以被其他合约或外部账户交易调用。函数类型可以表示为如下形式:

function (<parameter types>) {internal|external} [pure|constant|view|payable] [returns (<return types>)]

➤ parameter types:参数类型。

➤ internal：内部函数。

➤ external：外部函数。

➤ pure：纯函数，不读写状态变量。

➤ view：承诺不修改任何状态变量。

➤ constant：view 的别名。

➤ payable：函数可接受付款。

➤ return types：返回类型

函数类型未指定 internal 或 external 时，默认为 internal。内部函数通过函数名称 f 访问，外部函数通过 this.f 访问。需要注意的是，合约中的函数默认是 public 的。当前合约的 public 函数既可作为内部函数（通过 f 访问），又可作为外部函数（通过 this.f 访问）。

3. 引用类型

复杂类型（如数组和结构），需要考虑它们的保存位置。这些类型都有一个额外属性"数据位置"，用来描述数据是保存在内存中还是保存在存储中。根据上下文的不同，大多时候数据有默认的位置，但可以通过在类型名称后添加关键字 storage、memory 或 calldata 进行更改。storage 表示数据保存在存储中；memory 表示数据保存在内存中；calldata 表示一块只读且不会永久保存的位置。函数参数和返回值默认是 memory，局部变量默认是 storage，状态变量强制是 storage，外部函数的参数（非返回参数）强制为 calldata。

数据位置非常重要，因为它们影响着赋值行为。

（1）storage 和 memory（或 calldata）之间的赋值总是拷贝。

（2）memory 和 memory 之间的赋值只传递引用。

（3）storage 到本地状态变量赋值的也只传递引用。

（4）其他所有到 storage 的赋值总是拷贝。

4. 数组

数组可以在声明时指定大小，一个元素类型为 T，大小为 k 的数组可以声明为 T[k]。数组也可动态调整大小，声明为 T[]。例如，一个大小为 5、元素类型为 uint 的动态数组应声明为 uint[][5]（注意声明顺序）；要访问第三个动态数组的第二个元素，使用 x[2][1]。

对于 storage 的数组，元素类型可以是任意的；对于 memory 的数组，元素类型不能是映射，如果作为 public 函数的参数，元素只能是 ABI 类型。

bytes 和 string 是特殊的数组。string 不允许使用索引来访问。

（1）创建 memory 动态数组。

可使用 new 关键字创建 memory 动态数组。例如，uint[] memory a ＝ new uint[](7)。

（2）数组字面常数。

数组字面常数是一种定长的 memory 数组类型，它的元素类型由元素的普通类型表示。这里的普通类型指的是适应所有元素的类型。例如，[1，2，3]的类型是 uint8[3] memory，[uint(1)，2，3]的类型则是 uint[3] memory。需要注意的是，定长的内存数组不能赋值给变长的内存数组。

（3）数组的成员。

➤ length：表示数组的当前长度。memory 动态数组一旦创建，大小就是固定的（却是动态的，其大小取决于运行时的参数）。

➤ push(x)：storage 动态数组和 bytes 类型（而不是 string）都有一个 push(x)成员函数，用

来添加新的元素到数组末尾。

5. 结构体

结构体是包含一组变量的用户自定义类型。

示例：

struct Funder {

address addr；

uint amount；

}

6. 映射

映射是声明为 mapping(_KeyType => _ValueType)的哈希查找表。其中,_KeyType 是包括 bytes、string 和枚举类型在内的任何内置值类型,ValueType 则可以是任何类型。例如, mapping(address => uint) public balances。需要注意的是,只有状态变量才可以使用映射类型。

(1) 涉及 LValues 的运算符。

涉及 LValues(即一个变量或字面量)的运输符(如＋,－,＊,/,％,|＝等)都可以进行简写。例如,a＋＝e 等同于 a＝a＋e。另外,a＋＋和 a－分别等同于 a＋＝1 和 a－＝1,如果用于表达式中,则执行表达式使用 a 未赋值时的值;＋＋a 与－a 则相反。

使用 delete a 对 a 进行初始化。对于整型变量来说,相当于 a＝0;delete 也适用于数组。对于动态数组来说,使数组的大小设置为 0;对于静态数组,则是将所有元素初始化。

(2) 基本类型之间的转换。

包括隐式转换和显式转换。如果在语义上可行,且没有信息丢失的情况下,隐式转换都是可行的。显式转换通过类型函数进行转换,如 uint x＝uint(y)。

三、单元和全局变量

1. 以太币单位

以太币的单位有 wei、finney、szabo 或 ether。如果数字后面没有单位,默认为 wei。

2. 时间单位

包括 seconds、minutes、hours、days、weeks 和 years。

3. 特殊变量和函数

4. 区块和交易属性

➢ block.blockhash(uint blockNumber) returns (bytes32):指定区块的区块哈希,可用于最新的 256 个区块且不包括当前区块。

➢ block.coinbase (address):挖出当前区块的矿工地址。

➢ block.difficulty (uint):当前区块难度。

➢ block.gaslimit (uint):当前区块 gas 限额。

➢ block.number (uint):当前区块号。

➢ block.timestamp (uint):自 unix epoch 起当前区块以秒计的时间戳。

➢ gasleft() returns (uint256):剩余的 gas。

➢ msg.data (bytes):完整的 calldata。

> msg.sender (address)：消息发送者（当前调用）。

> msg.value (uint)：随消息发送的 wei 的数量。

> now (uint)：目前区块时间戳。

> tx.gasprice (uint)：交易的 gas 价格。

> tx.origin (address)：交易发起者。

5. 地址相关

> <address>.balance (uint256)：以 wei 为单位的地址的余额。

> <address>.transfer(uint256 amount)：向地址发送数量为 amount 的 wei。

> <address>.send(uint256 amount) returns (bool)：向地址发送数量为 amount 的 wei，失败时返回 false。

6. 合约相关

> this (current contract's type)：当前合约。

> selfdestruct(address recipient)：销毁合约，并把余额发送到指定地址。

四、表达式和控制结构

1. 函数

函数使用以下语法定义：

function FunctionName([parameters]) {public|private|internal|external}
[pure|constant|view|payable] [modifiers] [returns (<return types>)]

其中，

> FunctionName：函数的名称。

> parameters：包括输入参数的类型和名称。

> internal：只能在合约内部（包括派生合约）通过函数名称 f 调用。

> external：可以从其他合约或交易中调用。在合约内部只能使用 this 关键字调用。

> public：public 是默认的。public 函数既可作为内部函数，又可作为外部函数。

> private：与 internal 类似，但不能由派生的合约调用。

> return types：包括输出类型和名称。输出参数名可以省略。

> pure：纯函数，不读写状态变量。

> view：承诺不修改状态变量。

> constant：view 的别名。

> payable：函数可接受付款。

> return types：返回类型和名称，其中名称可省略。

示例：

```
function calc(uint _a, uint _b)public pure returns (uint _sum, uint _diff){
_sum = _a + _b;
_diff = _a - _b;
}
```

2. 控制结构

JavaScript 中的大部分控制结构（如 if, else, while, do, for, break, continue, return, ?

:) 在 Solidity 中都可用, 除了 swith 和 goto。与 C 和 JavaScript 不同的是, Solidity 中的非布尔类型数值不能转换为布尔类型。因此, if (1) { … } 的写法在 Solidity 中无效。以下样例代码展示了一个 for 循环的例子。

```
pragma solidity ^0.4.22;
contract fibonacci {
  uint [] fibseries;
  function generateFib(uint n) public {
      fibseries.push(1);
      fibseries.push(1);
       for (uint i = 2; i < n ; i ++ ) {
        fibseries.push(fibseries[i - 1] + fibseries[i - 2]);
       }
    }
}
```

3. 函数调用

(1) 内部函数调用。

内部函数在合约内可以通过函数名称直接调用, 也可以进行递归调用。

示例:

```
pragma solidity ^0.4.8;
contract recursion {
    function sum(uint n) constant returns(uint) {
        return n == 0 ? 0 :
          n + sum(n - 1);
}
}
```

(2) 外部函数调用。

合约本身的外部函数通过 this 调用, 其他合约的外部函数通过合约实例 c 进行调用, 如 this.f(), c.f()。当调用其他合约的函数时, 随函数发送的 wei 和 gas 的数量可以分别由.value()和.gas()指定。

```
pragma solidity ^0.4.0;
contract otherContract {
function bar() public payable returns (uint ret) {
return 8;
}
}
contract myContract {
    otherContract other;
function setOther(address addr) public {
```

```
other = otherContract (addr);
}
function foo() public {
other.bar.value(100).gas(800)();
}
}
```

payable 修饰符用于修饰 bar 函数,否则 value()将不可用。请注意 otherContract(addr) 进行了显式类型转换,明确给定地址的合约类型是 otherContract,并且不会执行构造函数。

4. 通过 new 创建合约

使用关键字 new 可以创建一个新合约。

示例:

```
pragma solidity ^0.4.0;
contract D {
uint x;
    function D(uint a) public payable {
        x = a;
    }
}
contract C {
D d = new D(4); // 将作为合约 C 构造函数的一部分执行
function createD(uint arg) public {
        D newD = new D(arg);
    }
    function createAndEndowD(uint arg, uint amount) public payable {
        D newD = (new D).value(amount)(arg);
    }
}
```

5. 解构赋值和返回多值

Solidy 内部允许元组(tuple)类型,即编译时元素数量固定的列表。列表中的元素可以是不同类型的对象。

(1)返回多值。

```
function f() public pure returns (uint, bool, uint) {
return (7, true, 2);
}
```

(2)解构赋值。

```
(uint x, bool b, uint y) = f();
(data.length,,) = f(); //元组末尾元素可以省略
```

（3）交换两个值。

(x, y) = (y, x);

6. 错误处理

Solidity 使用状态恢复来处理错误。当合约终止并出现错误时，如果有多个合约被调用，则所有状态变化都会恢复，直至调用链的源头。Solidity 提供了 3 个便利函数（assert，require 和 revert）用来处理错误。assert 和 require 可用于检查条件，并在条件不满足时抛出异常。两者的区别如下：assert 用于检查内部错误，如检测除数为 0 或者移位负位数；require 则用于检查条件有效性，如检测余额是否满足最低要求或者是否满足合约所有者。revert 用于标记错误并恢复调用。

下例展示了 require 和 assert 的使用。

```solidity
pragma solidity ^0.4.22;
contract sharer {
    function sendHalf(address addr) public payable returns (uint balance) {
        require(msg.value % 2 == 0, "Even value required.");
        uint balanceBeforeTransfer = this.balance;
        addr.transfer(msg.value / 2);
        assert(this.balance == balanceBeforeTransfer - msg.value / 2);
        return this.balance;
    }
}
```

下例展示了 revert 的使用。

```solidity
pragma solidity >= 0.5.0 < 0.7.0;
contract purchase {
    function buy(uint amount) public payable {
        if (amount > msg.value / 2 ether)
            revert("Not enough Ether provided.");
        // ...
    }
}
```

五、合约

1. 合约构造和销毁

在 Solidity 0.4.21 及之前，构造函数使用一个与合约名称相同的函数指定。

```solidity
contract asset {
 uint amount;
function asset(uint _amount) public {
    amount = _amount;
 }
}
```

这种形式的构造函数的缺点在于如果合约名称变化,先前声明的构造函数就不再是构造函数了。在 Solidity 0.4.22 及之后,构造函数可以通过 constructor 关键字指定。

```
pragma solidity ^0.4.22;
contract asset {
 uint amount;
 constructor (uint _amount) public {
    amount = _amount;
 }
}
```

在 Solidity 中,使用 selfdestruct 函数用于销毁合约。该函数接受一个地址用于接受合约账户中剩余的余额。

```
contract mortal {
address owner;
function mortal() { owner = msg.sender; }
function kill() {
if (msg.sender == owner)
selfdestruct(owner); }
}
```

2. 函数修饰器

使用函数修饰器可以在执行函数之前自动检查某个条件。修饰器可被派生合约继承或覆盖。

```
contract decorator {
    address public owner;
    modifier onlyOwner() { // 修饰器
        require(
            msg.sender == owner,
            "Only owner can call this."
        );
         _;
    }
    function kill() public onlyOwner {            // ...
    }
}
```

3. Fallback 函数

合约可以有一个未命名的函数,称为 fallback 函数。fallback 函数不能有参数和返回值。如果在一个合约的调用中,没有其他函数与给定的函数标识符匹配,那么,fallback 函数会被执行。

```
pragma solidity ^0.4.0;
```

```
contract mortal {
    uint x;
    function() public { x = 10; } //fallback 函数
}
```

4. 函数重载
Solidity 支持函数重载。

```
pragma solidity ^0.4.16;
contract override {
    function f(uint _a) public pure returns (uint _b) {
        _b = 1;
    }
    function f(uint _a, uint _b) public pure returns (uint _c) {
        _c = _a;
    }
}
```

5. 事件
事件能力可以支持代码方便地使用 EVM 的日志基础设施。例如，可以在 dapp 的用户界面中监听事件，EVM 的日志机制可以反过来"调用"用来监听事件的 Javascript 回调函数。

```
contract ClientReceipt {
    event Deposit(
        address indexed _from,
        bytes32 indexed _id,
        uint _value
    );
    function deposit(bytes32 _id) public payable {
        emit Deposit(msg.sender, _id, msg.value);
    }
}
```

使用 JavaScript API 调用事件的用法如下：

```
var abi = /* abi 由编译器产生 */;
var ClientReceipt = web3.eth.contract(abi);
var clientReceipt = ClientReceipt.at("0x1234...ab67" /* 地址 */);
var event = clientReceipt.Deposit();
// 监视变化
event.watch(function(error, result){
    if (! error)
        console.log(result);
});
```

```
// 或者通过回调函数立即监视
var event = clientReceipt.Deposit(function(error, result) {
    if (! error)
        console.log(result);
});
```

6. 合约继承

Solidity 的继承系统与 Python 的继承系统非常相似，参见如下代码。

```
contract mortal {
address owner;
function mortal() { owner = msg.sender; }
function kill() { if (msg.sender == owner) selfdestruct(owner); }
}

contract greeter is mortal {
 string greeting;
 constructor (string _greeting) public {
    greeting = _greeting;
 }
function greet() public view returns (string) {
 return greeting;
 }
}
```

7. 库

库与合约类似，它们只需部署一次，并且可以通过 EVM 的 DELEGATECALL 特性进行重复调用。当库函数调用时，其上下文为调用的合约本身，即 this 指向调用合约。库的调用和基类合约相似，如果有库 L，则使用 L.f() 调用库中的函数 f。以下实例展示了如何调用库函数。

```
library Strings {
    function fromUint256(uint256 value) internal pure returns (string memory) {
        if (value == 0) {
            return "0";
        }
        uint256 temp = value;
        uint256 digits;
        while (temp != 0) {
            digits ++ ;
            temp /= 10;
        }
        bytes memory buffer = new bytes(digits);
```

```
        uint256 index = digits - 1;
        temp = value;
        while (temp != 0) {
            buffer[index--] = byte(uint8(48 + temp % 10));
            temp /= 10;
        }
        return string(buffer);
    }
}
contract C {
uint256 value;
function StringValue(uint256 value) public returns (string) {
    return Strings.fromUint256(value);
}
}
```

3.5.3　Token 实现

在以太坊平台上,有许多不同类型的 Token,它们大多遵循 ERC-20 标准。遵循 ERC-20 标准的 Token 更易于互换,因此,在实现一个 Token 合约之前,有必要了解 ERC-20 标准。

一、ERC-20 Token 标准

ERC-20 Token 标准作为以太坊征求意见(ERC),由 Fabian Vogelsteller 在 2015 年 11 月引入。ERC-20 为实现 Token 的合约定义了一个标准接口,任何实现了标准接口的 Token 都可以以相似的方式访问。接口方法包括获取账户 Token 余额、转移 Token、批准花费 Token 等。

1. Token 方法

(1) name。返回 Token 的名称,可选:

function name() public view returns (string)

(2) symbol。返回 Token 的代码,可选:

function symbol() public view returns (string)

(3) decimals。返回 Token 使用的小数位数。例如,8 意味着 Token 数量需除以 8,来得到用户的表示结果。可选:

function decimals() public view returns (uint8)

(4) totalSupply。返回总的 Token 发行数量。

function totalSupply() public view returns (uint256)

(5) balanceOf。返回地址为_owner 的账户余额。

```
function balanceOf(address _owner) public view returns (uint256 balance)
```

（6）transfer。转移_value 数量的 Token 到地址_to，并且必定触发 Transfer 事件。

```
function transfer(address _to, uint256 _value) public returns (bool success)
```

（7）transferFrom。从地址_from 转移_value 数量的 Token 到地址_to，并且必定触发 Transfer 事件。

```
function transferFrom(address _from, address _to, uint256 _value) public returns (bool success)
```

（8）approve。允许地址 spender 多次从账户中取出 Token，总共最多_value 数量。

```
function approve(address _spender, uint256 _value) public returns (bool success)
```

（9）allowance。返回地址 spender，允许从地址 owner 中取出剩余数量。

```
function allowance (address _owner, address _spender) public view returns (uint256 remaining)
```

2. 事件

（1）Transfer。在 Token 转移时必定被触发，即使转移的数量为 0。

```
event Transfer(address indexed _from, address indexed _to, uint256 _value)
```

（2）Approval。在 approve 方法成功调用时必定被触发。

```
event Approval(address indexed _owner, address indexed _spender, uint256 _value)
```

综合以上必要的方法和事件，在 Solidity 中 ERC-20 接口规范如下：

```
pragma solidity ^0.4.21;

contract EIP20Interface {
    function totalSupply() public view returns (uint256);
    function balanceOf(address _owner) public view returns (uint256 balance);
    function transfer(address _to, uint256 _value) public returns (bool success);
    function transferFrom(address _from, address _to, uint256 _value) public returns (bool success);
    function approve(address _spender, uint256 _value) public returns (bool success);
    function allowance (address _owner, address _spender) public view returns (uint256 remaining);
    event Transfer(address indexed _from, address indexed _to, uint256 _value);
    event Approval(address indexed _owner, address indexed _spender, uint256 _value);
}
```

二、Token 智能合约

以下示例展示一个简单的 ERC-20 实现，代码包括声明合约和状态变量。

```
pragma solidity ^0.4.21;
contract EIP20 is EIP20Interface {
        uint256 constant private MAX_UINT256 = 2 ** 256 - 1;
    mapping (address => uint256) public balances;
    mapping (address => mapping (address => uint256)) public allowed;
string public name;
uint8 public decimals;
string public symbol;
uint256 public totalSupply;
}
```

　　balances 和 allowed 分别声明为一个映射,其中,balances 用于保存每个地址的 Token 余额,allowed 则用于保存每个地址可以允许其他地址取出的 Token 的剩余数量,上面的 name、decimals、symbol 是可选的,分别用于表示 Token 的名称、小数位数和代码。totalSupply 用于保存 Token 总的发行数量。

　　接着声明合约的构造函数,该函数用于初始化 Token 合约。

```
function EIP20(
        uint256 _initialAmount,
        string _tokenName,
        uint8 _decimalUnits,
        string _tokenSymbol
    ) public {
        balances[msg.sender] = _initialAmount;  //给合约创建者所有的 token
        totalSupply = _initialAmount;              //更新 totalSupply 等
        name = _tokenName;
        decimals = _decimalUnits;
        symbol = _tokenSymbol;
}
```

　　totalSupply、balanceOf 和 allowance 这 3 个方法只是简单的从状态变量中返回,先展示这 3 个方法的实现。

```
function totalSupply() public view returns (uint256) {
    return _totalSupply;
}

function balanceOf(address _owner) public view returns (uint256 balance) {
    return balances[_owner];
}

function allowance ( address _ owner, address _ spender ) public view returns
(uint256 remaining) {
```

```
    return allowed[_owner][_spender];
}
```

接下来实现 transfer 方法。需要注意的是，transfer 方法是从消息发送者的地址中转出。

```
function transfer(address _to, uint256 _value) public returns (bool success) {
    require(balances[msg.sender] >= _value);
    balances[msg.sender] -= _value;
    balances[_to] += _value;
    emit Transfer(msg.sender, _to, _value);
    return true;
}
```

在上面的代码中，首先使用 require 验证消息发送者的余额是否大于要转出的数量，接着进行转移操作，最后触发 Transfer 事件。transferFrom 的实现与此相似，不同的是，transferFrom 需要指定转出账户。

```
function transferFrom(address _from, address _to, uint256 _value) public returns
(bool success) {
    uint256 allowance = allowed[_from][msg.sender];
    require(balances[_from] >= _value && allowance >= _value);
    balances[_to] += _value;
    balances[_from] -= _value;
    if (allowance < MAX_UINT256) {
        allowed[_from][msg.sender] -= _value;
    }
    emit Transfer(_from, _to, _value);
    return true;
}
```

最后实现 approve 方法，代码也比较简单。

```
function approve(address _spender, uint256 _value) public returns (bool success)
{
    allowed[msg.sender][_spender] = _value;
    emit Approval(msg.sender, _spender, _value);
    return true;
}
```

综上所述，最后的代码如下所示。

```
pragma solidity ^0.4.21;
contract EIP20 is EIP20Interface {

uint256 constant private MAX_UINT256 = 2 ** 256 - 1;
mapping (address => uint256) public balances;
```

```solidity
mapping (address => mapping (address => uint256)) public allowed;
string public name;
uint8 public decimals;
string public symbol;
uint256 public totalSupply;

function EIP20(
        uint256 _initialAmount,
        string _tokenName,
        uint8 _decimalUnits,
        string _tokenSymbol
    ) public {
        balances[msg.sender] = _initialAmount; //给合约创建者所有的 token
totalSupply = _initialAmount;              //更新 totalSupply 等
name = _tokenName;
decimals = _decimalUnits;
        symbol = _tokenSymbol;
}

function totalSupply() public view returns (uint256) {
    return _totalSupply;
 }

function balanceOf(address _owner) public view returns (uint256 balance) {
    return balances[_owner];
 }

function allowance (address _owner, address _spender) public view returns
(uint256 remaining) {
    return allowed[_owner][_spender];
}

function transfer(address _to, uint256 _value) public returns (bool success) {
    require(balances[msg.sender] >= _value);
    balances[msg.sender] -= _value;
    balances[_to] += _value;
    emit Transfer(msg.sender, _to, _value);
    return true;
 }

function transferFrom(address _from, address _to, uint256 _value) public returns
(bool success) {
```

```
uint256 allowance = allowed[_from][msg.sender];
require(balances[_from] >= _value && allowance >= _value);
    balances[_to] += _value;
    balances[_from] -= _value;
    if (allowance < MAX_UINT256) {
        allowed[_from][msg.sender] -= _value;
    }
    emit Transfer(_from, _to, _value);
    return true;
}

function approve (address _spender, uint256 _value) public returns (bool
success) {
    allowed[msg.sender][_spender] = _value;
    emit Approval(msg.sender, _spender, _value);
    return true;
}

}
```

3.5.4 数学库

Math 库实现了 Solidity 语言中缺少的标准数学函数,如下所示。

```
library Math {
    function max(uint256 a, uint256 b) internal pure returns (uint256) {
        return a >= b ? a : b;
    }

    function min(uint256 a, uint256 b) internal pure returns (uint256) {
        return a < b ? a : b;
    }

    function average(uint256 a, uint256 b) internal pure returns (uint256) {
        return (a/2) + (b/2) + ((a%2 + b%2) / 2);
    }
}
```

与其他高级语言不同,在 Solidity 语言中,算术运算在溢出时并不会抛出错误,这很容易造成 bug。SafeMath 库包装了 Solidity 的算术运算,并在溢出时抛出错误,如下所示。

```
library SafeMath {

    function add(uint256 a, uint256 b) internal pure returns (uint256) {
```

```
        uint256 c = a + b;
        require(c >= a, "SafeMath: addition overflow");

        return c;
    }

    function sub(uint256 a, uint256 b) internal pure returns (uint256) {
        return sub(a, b, "SafeMath: subtraction overflow");
    }

    function sub(uint256 a, uint256 b, string memory errorMessage) internal pure
returns (uint256) {
        require(b <= a, errorMessage);
        uint256 c = a - b;

        return c;
    }

    function mul(uint256 a, uint256 b) internal pure returns (uint256) {
        if (a == 0) {
            return 0;
        }

        uint256 c = a * b;
        require(c / a == b, "SafeMath: multiplication overflow");

        return c;
    }

    function div(uint256 a, uint256 b) internal pure returns (uint256) {
        return div(a, b, "SafeMath: division by zero");
    }

    function div(uint256 a, uint256 b, string memory errorMessage) internal pure
returns (uint256) {
        // Solidity only automatically asserts when dividing by 0
        require(b > 0, errorMessage);
        uint256 c = a / b;
        // assert(a == b * c + a % b); // There is no case in which this
doesn't hold

        return c;
    }
```

```
        function mod(uint256 a, uint256 b) internal pure returns (uint256) {
            return mod(a, b, "SafeMath: modulo by zero");
        }

        function mod(uint256 a, uint256 b, string memory errorMessage) internal pure
returns (uint256) {
            require(b != 0, errorMessage);
            return a % b;
        }
    }
```

SignedSafeMath 库提供了操作有符号整数的函数包装，如下所示。

```
library SignedSafeMath {
    int256 constant private _INT256_MIN = -2 ** 255;

    function mul(int256 a, int256 b) internal pure returns (int256) {
        if (a == 0) {
            return 0;
        }

        require(!(a == -1 && b == _INT256_MIN), "SignedSafeMath:
multiplication overflow");

            int256 c = a * b;
            require(c / a == b, "SignedSafeMath: multiplication overflow");

            return c;
    }

    function div(int256 a, int256 b) internal pure returns (int256) {
        require(b != 0, "SignedSafeMath: division by zero");
        require(!(b == -1 && a == _INT256_MIN), "SignedSafeMath: division
overflow");

            int256 c = a / b;

            return c;
    }

    function sub(int256 a, int256 b) internal pure returns (int256) {
        int256 c = a - b;
        require((b >= 0 && c <= a) || (b < 0 && c > a), "SignedSafeMath:
subtraction overflow");
```

```
        return c;
    }

    function add(int256 a, int256 b) internal pure returns (int256) {
        int256 c = a + b;
        require((b >= 0 && c >= a) || (b < 0 && c < a), "SignedSafeMath: addition
overflow");

        return c;
    }
}
```

思考题

1. 描述 assert，require，revert 这 3 个函数的作用。

2. 在以下合约中实现 min 函数，用于返回 data 中的最小值。

```
contract Arrays {
    uint[] private data;
    function min() public view returns (uint) {
    ..
    }
}
```

3. 在以下库中实现 compare 函数，用于比较两个字符串是否相同。

```
library Strings {
    function compareTo(string s1, string s2) public returns (bool) {
        ...
    }
}
```

4. 以修饰器的方式实现以下合约中的 kill 函数。

```
contract C {
    address owner;
    function constuctor() public {
        owner = msg.sender;
    }
    function kill() public {
        if (msg.sender == owner)
            selfdestruct(owner);
    }
}
```

应用案例演示

§4.1 基于区块链的信息存证项目

4.1.1 背景分析

区块链具有数据上链就不可被篡改的特性,同时,因为区块链的链式结构,链上的每一个区块与其前后区块的上链时间有先后关系,因此,链上的每一个区块都有时间戳特性。这两个特性可以用于信息的存证,信息上链之后就不可被篡改,同时,可以根据信息在链上的区块高度确定上链的时间。

目前主流的区块链都能够将与交易不相关的数据附加到交易中,交易中该部分一般是用来保存当前交易的说明信息。区块链只要具有该特性,就可以用于信息的存证。区块链对信息进行存证也有一些限制。例如,因为目前区块链往往对区块的大小有限制,保存信息不能很多。对于数据量很大的信息,可以通过保存信息的哈希值来解决。使用哈希值而不是信息上链还有一个优点:可以对信息进行保密。在用户公布信息具体内容之前,其他用户不能通过哈希值获取信息的内容。

可以使用区块链进行信息的存证,一般是基于以下 3 个共识:

(1) 保存在区块链上的信息不会被更改,这由区块链的不可被篡改特性保证,即使信息被更改,也能够被发现。

(2) 保存在区块中的信息,至少在该区块被添加到链上(即区块的时间戳)之前就已经存在。

(3) 保存的数据的交易是由某个私钥进行签名,用于该私钥的用户不可以抵赖,也不能由其他用户冒充。

4.1.2 应用场景

有很多场景需对信息进行存证,大多数场景使用到区块链的不可篡改特性,有些场景也会利用到区块链的时间戳特性。以下列举一些使用场景。

一、供应链与溯源

目前,应用区块链进行信息存证的场景很多都属于供应链领域。企业将区块链用于原有系统之上,使用区块链对原有业务的数据进行保存,通过将区块链与原系统进行结合,打造一个比原有系统更安全可信的平台。

该平台上的数据使用区块链进行保存,区块链的不可篡改特性使用户更相信平台上的数据。供应链的数据都在区块链上保存,所有物流数据都可以进行追踪,确保了平台溯源服务的可信度。

二、电子合同

使用区块链保存电子合同,首先需要确保该电子合同的真实性,具体来说,就是该电子合同是否与原始数据保持一致,是否存在被修改、删除、增加等问题。保证电子合同的真实性,是使用区块链对合同进行存证的基础。

使用区块链对电子合同存证,与传统方法相比有三大优势:一是能够通过区块链建立无利益第三方的见证人身份,传统方法需要一个见证机构,不仅成本高,还不能保证没有利益冲突;二是保存在区块链上的电子合同,包括修改合同的操作都会有时间戳,时间戳保证了每个行为都有据可查;三是用户对保存在区块链上的电子合同的操作都需要经过身份认证,在最后对电子合同进行审查时,用户不可抵赖。

三、版权保护

在内容创作领域,侵权行为经常发生,内容的创作者对侵权行为的打击有很多困难。主要有以下 3 个难题:①确权难,即内容创作者很难证明该内容属于自己,而不是侵权者;②取证难,在内容创作者发现侵权行为后,很难对侵权行为现场进行保存,即使能够保存下来,也很难在维权的过程中证明其证据的真实性;③维权难,对于侵权行为,内容创作者往往只能要求侵权者停止侵权行为,不能让侵权者付出代价。

区块链的确能够解决版权保护中的一些问题,但不是所有问题都可以解决。针对确权难问题,区块链提供信息上链保存,且具有可信时间戳,内容创建者只需要将原创内容上链,在确权时出示上链凭证与时间戳,就可以证明其是该内容的创作者。对于取证难以及难以证实证据真实性问题,内容创作者可以将证据上传至区块链保存,不可篡改性保证了证据的真实性,在维权过程中至关重要。

4.1.3　智能合约开发

一个简单的基于区块链的贷款电子合同,需要提供用户注册、用户上传贷款电子合同以及查询贷款电子合同的功能。因此,需要构建以下业务实体。

(1) 电子合同:用户唯一 ID、贷款金额、申请时间等。

(2) 用户:用户名,用户唯一 ID 等。

示例:

```
package main

import (
    "fmt"
    "time"
    "encoding/json"
    "github.com/hyperledger/fabric/core/chaincode/shim"
    "github.com/hyperledger/fabric/protos/peer"
)
type FinanceChainCode struct {
}
```

```go
// 用户
type User struct {
    Name string `json:"name"`
    Uid string `json:"uid"`
    CompactIDs []string `json:compactIDs`
}
// 合同
type Compact struct {
    Timestamp        int64  `json:"timestamp"`
    Uid              string `json:"uid"`
    LoanAmount       string `json:"loanAmount"`
    ApplyDate        string `json:"applyDate"`
    CompactStartDate string `json:"compactStartDate"`
    CompactEndDate   string `json:"compactEndDate"`
    ID               string `json:"id"`
}

func (t * FinanceChainCode) Init (stub shim.ChaincodeStubInterface) peer.Response {
    args := stub.GetStringArgs()
    if len(args) ! = 0 {
        return shim.Error("Parameter error while Init")

    }
    return shim.Success(nil)
}


func (t * FinanceChainCode) Invoke (stub shim.ChaincodeStubInterface) peer.Response {
    functionName, args := stub.GetFunctionAndParameters()
    switch functionName {
        case "userRegister":
            return userRegister(stub,args)
        case "loan":
            return loan(stub, args)
        case "queryCompact":
            return queryCompact(stub, args)
        case "queryUser":
            return queryUser(stub, args)
        default:
```

```go
        return shim.Error("Invalid Smart Contract function name.")
    }
}


// 用户注册
funcuserRegister ( stub  shim. ChaincodeStubInterface,  args ［］ string )  peer.
Response{
    // 检查参数个数
    if len(args) ! = 2{
        return shim.Error("Not enough args")
    }


    // 验证参数正确性
    name : = args[0]
    id : = args[1]
    if name = = "" || id = = ""{
        return shim.Error("Invalid args")
    }


    // 验证数据是否存在
    if userBytes, err : = stub.GetState(id);err ! = nil || len(userBytes) ! = 0{
        return shim.Error("User alreay exist")
    }


    //  写入状态
    var user = User{Name: name, Uid: id}
    // 序列化对象
userBytes, err : = json.Marshal(user)
    if err ! = nil{
        return shim.Error(fmt.Sprint("marshal user error % s",err))
    }
    err = stub.PutState(id, userBytes)
    if err ! = nil {
        return shim.Error(fmt.Sprint("put user error % s", err))
    }
    return shim.Success(nil)
}


// 记录贷款数据
func loan(stub shim.ChaincodeStubInterface, args []string)
```

```go
peer.Response {

    var compact Compact
    compact.Uid = args[0]
    compact.LoanAmount = args[1]
    compact.ApplyDate = args[2]
    compact.CompactStartDate = args[3]
    compact.CompactEndDate = args[4]
    compact.Timestamp = time.Now().Unix()
    compact.ID = args[5]

        // 验证数据是否存在
    ownerBytes, err := stub.GetState(compact.Uid)
        if err ! = nil || len(ownerBytes) = = 0 {
            return shim.Error("user not found")
        }


    compactBytes, err := json.Marshal(&compact) // Json 序列化
        if err ! = nil {
            return shim.Error("Json serialize Compact fail while Loan")
        }
        if compactBytes, err := stub.GetState(args[5]); err ! = nil || len
(compactBytes) ! = 0{
            return shim.Error("Compact alreay exist")
        }
        // 保存合同信息
        err = stub.PutState(args[5], compactBytes)
        if err ! = nil {
            return shim.Error(fmt.Sprint("put Compact error %s", err))
        }


        // 更新用户数据
        owner := new(User)
        if err := json.Unmarshal(ownerBytes, owner); err ! = nil {
            return shim.Error(fmt.Sprintf("unmarshal user error: %s", err))
        }
    owner.CompactIDs = append(owner.CompactIDs, compact.ID)
    ownerBytes, err = json.Marshal(owner)
        if err ! = nil {
            return shim.Error(fmt.Sprintf("marshal user error: %s", err))
```

```
    }
    if err : = stub.PutState(compact.Uid, ownerBytes); err ! = nil {
        return shim.Error(fmt.Sprintf("update user error: % s", err))
    }
    return shim.Success([]byte("记录贷款数据成功"))
}
// 查询电子合同
funcqueryCompact ( stub shim. ChaincodeStubInterface, args [ ] string ) peer.
Response {
    if len(args) ! = 1 {
        return shim.Error("Incorrect number of arguments. Expecting 1")
    }
    compactID : = args[0]
    if compactID = = ""{
        return shim.Error("Invalid args")
    }
    compactBytes, err : = stub.GetState(compactID)
    if err ! = nil || len(compactBytes) = = 0 {
        return shim.Error("compact not found")
    }
    return shim.Success(compactBytes)
}


// 查询用户
funcqueryUser(stub shim.ChaincodeStubInterface,args []string) peer.Response{
    // 检查参数个数
    if len(args) ! = 1 {
        return shim.Error("Incorrect number of arguments. Expecting 1")
    }
    // 验证参数正确性
    userID : = args[0]
    if userID = = ""{
        return shim.Error("Invalid args")
    }
    userBytes, err : = stub.GetState(userID)
    if err ! = nil || len(userBytes) = = 0 {
        return shim.Error("user not found")
    }
    return shim.Success(userBytes)
}
```

```
func main() {
    if err := shim.Start(new(FinanceChainCode)); err ! = nil {
fmt.Printf("Error creating new Smart Contract：% s", err)
    }
}
```

4.1.4　验证

根据之前章节的内容安装以及实例化合约之后，下面开始执行具体的调用合约方法的内容。

（1）用户注册。

```
peer chaincode invoke -C mychannel -n mychannel -c '{"Args":["userRegister",
"user1", "agagahagahwrghag"]}'
```

（2）登记贷款电子合同。

```
peer chaincode invoke -C mychannel -n mychannel -c '{"Args":["loan",
"agagahagahwrghag","2000","20200501090823","20201001090823", "20201001090825",
"000001"]}'
```

（3）查询贷款电子合同。

```
peer chaincode invoke -C mychannel -n mychannel -c '{"Args":["queryCompact",
"000001"]}'
```

（4）查询用户。

```
peer chaincode invoke -C mychannel -n mychannel -c '{"Args":["queryCompact",
"agagahagahwrghag"]}'
```

§4.2　基于区块链的食品溯源平台

4.2.1　需求及系统分析

区块链的概念一经推出，其应用在各个领域都得到广泛的探索。区块链中可追溯、不可篡改的特性使得它在溯源领域得到广泛的应用。下面就以一个简单的食品溯源平台原型为例，来介绍区块链的智能合约应该如何开发和设计。

首先，对于食品溯源平台而言，首先需要做的是选择在食品流通的全过程中，哪些数据应该被记录在区块链上，以及这些数据应该以什么样的形式被记录。一般而言，对于食品，比较重要的信息应当有食品的唯一 ID、名称、生产日期、生产地、配料表等食品的基本信息，以及食品流通过程中的物流信息。通过对这些信息的分类和整理，把系统中一个食品的信息分为以下 4 类。

（1）食品的唯一 ID。

（2）食品的基本信息：名称、规格、生产日期、保质期、批次号、生产许可证编号、生产商、生产价格、生产地。

（3）各种配料信息：配料 ID、配料名称。

（4）物流信息：出发时间、到达时间、业务类型（存储、运输等）、出发地、目的地、销售商、存储时间、物流方式、物流公司名称、费用。

以上这些信息，就是区块链中需要记录的信息，当然因为这不是一个完整的项目，因此，信息必然是不够完善的，感兴趣的读者可以对这个存储结构作进一步细化。例如，可以针对食品中的每一种配料都进行更为详细的记录。

通过这种方式，可以把现实世界中的食品信息映射成为程序世界中的逻辑模型。下一步，根据这些基本的数据结构，设计食品溯源系统所需要具备的功能。一般而言，对于一个数据而言，最基本的操作只有 4 种，即增加、删除、修改、查询。但是，区块链具有不可篡改的特性，因此在区块链中只涉及两种基本操作，即增加和查询。至此，相信大部分读者可以明白系统需要具备什么样的功能，没错，就是针对上述设计概念模型，设计相应的增加和查询功能。

如图 4-1 所示，本案例中这个简略版的食品溯源平台大概可以分为 7 个功能模块，分别为增加食品基本信息、增加食品配料信息、查询食品全部信息、查询食品基本信息、查询食品配料信息、查询食品日志信息。

图 4-1　食品溯源平台

4.2.2　源码

首先根据上文分析得到的食品溯源概念模型，来实现具体的结构体。

```go
package main

import (
    "encoding/json"
    "fmt"

    "github.com/hyperledger/fabric/core/chaincode/shim"
    pb "github.com/hyperledger/fabric/protos/peer"
)

type FoodChainCode struct {
}
```

```
//food 数据结构体
type FoodInfo struct {
    FoodID        string      `json:FoodID`        //食品 ID
    FoodProInfo   ProInfo     `json:FoodProInfo`   //生产信息
    FoodIngInfo   []IngInfo   `json:FoodIngInfo`   //配料信息
    FoodLogInfo   LogInfo     `json:FoodLogInfo`   //物流信息
}

type FoodAllInfo struct {
    FoodID        string      `json:FoodId`
    FoodProInfo   ProInfo     `json:FoodProInfo`
    FoodIngInfo   []IngInfo   `json:FoodIngInfo`
    FoodLogInfo   []LogInfo   `json:FoodLogInfo`
}

//生产信息
type ProInfo struct {
    FoodName      string `json:FoodName`      //食品名称
    FoodSpec      string `json:FoodSpec`      //食品规格
    FoodMFGDate   string `json:FoodMFGDate`   //食品出产日期
    FoodEXPDate   string `json:FoodEXPDate`   //食品保质期
    FoodLOT       string `json:FoodLOT`       //食品批次号
    FoodQSID      string `json:FoodQSID`      //食品生产许可证编号
    FoodMFRSName  string `json:FoodMFRSName`  //食品生产商名称
    FoodProPrice  string `json:FoodProPrice`  //食品生产价格
    FoodProPlace  string `json:FoodProPlace`  //食品生产所在地
}
type IngInfo struct {
    IngID     string `json:IngID`    //配料 ID
    IngName   string `json:IngName`  //配料名称
}

type LogInfo struct {
    LogDepartureTm   string `json:LogDepartureTm`   //出发时间
    LogArrivalTm     string `json:LogArrivalTm`     //到达时间
    LogMission       string `json:LogMission`       //处理业务(储存 or 运输)
    LogDeparturePl   string `json:LogDeparturePl`   //出发地
    LogDest          string `json:LogDest`          //目的地
    LogToSeller      string `json:LogToSeller`      //销售商
    LogStorageTm     string `json:LogStorageTm`     //存储时间
    LogMOT           string `json:LogMOT`           //运送方式
```

```
        LogCopName          string`json:LogCopName`              //物流公司名称
        LogCost             string`json:LogCost`                 //费用
}

func (a * FoodChainCode) Init(stub shim.ChaincodeStubInterface) pb.Response {
    return shim.Success(nil)
}
```

接下来是函数调用的入口函数。外部的 invoke 操作调用这个函数,根据参数的不同,把请求转发到不同的函数中,invoke 操作中的第一个参数返回的就是代码中的 fn,后续的参数转化为 args。

```
func (a * FoodChainCode) Invoke(stub shim.ChaincodeStubInterface) pb.Response {
    fn, args := stub.GetFunctionAndParameters()

    switch fn {
    case "addProInfo":
        return addProInfo(stub, args)
    case "addIngInfo":
        return addIngInfo(stub, args)
    case "getFoodInfo":
        return getFoodInfo(stub, args)
    case "addLogInfo":
        return addLogInfo(stub, args)
    case "getProInfo":
        return getProInfo(stub, args)
    case "getLogInfo":
        return getLogInfo(stub, args)
    case "getIngInfo":
        return getIngInfo(stub, args)
    case "getLogInfo_l":
        return getLogInfo_l(stub, args)
    }

    return shim.Error(fmt.Sprintf("unsupported function: % s", fn))
}
```

接下来完成这 8 个具体的函数。

```
//新增生产信息
func addProInfo(stub shim.ChaincodeStubInterface, args []string) pb.Response {
    var err error
    var FoodInfos FoodInfo
```

```go
    //检查参数个数
    if len(args) != 10 {
        return shim.Error("Incorrect number of arguments.")
    }

    //参数解析
    FoodInfos.FoodID = args[0]
    if FoodInfos.FoodID == "" {
        return shim.Error("FoodID can not be empty.")
    }

    FoodInfos.FoodProInfo.FoodName = args[1]
    FoodInfos.FoodProInfo.FoodSpec = args[2]
    FoodInfos.FoodProInfo.FoodMFGDate = args[3]
    FoodInfos.FoodProInfo.FoodEXPDate = args[4]
    FoodInfos.FoodProInfo.FoodLOT = args[5]
    FoodInfos.FoodProInfo.FoodQSID = args[6]
    FoodInfos.FoodProInfo.FoodMFRSName = args[7]
    FoodInfos.FoodProInfo.FoodProPrice = args[8]
    FoodInfos.FoodProInfo.FoodProPlace = args[9]
    //对结构体进行序列化
    ProInfosJSONasBytes, err := json.Marshal(FoodInfos)
    if err != nil {
        return shim.Error(err.Error())
    }
    //保存状态
    err = stub.PutState(FoodInfos.FoodID, ProInfosJSONasBytes)
    if err != nil {
        return shim.Error(err.Error())
    }

    return shim.Success(nil)
}

//新增配料信息
func addIngInfo(stub shim.ChaincodeStubInterface, args []string) pb.Response {

    var FoodInfos FoodInfo
    var IngInfoitem IngInfo

    //判断参数合法性
    if (len(args) - 1) % 2 != 0 || len(args) == 1 {
```

```
        return shim.Error("Incorrect number of arguments")
    }

    //参数解析
    FoodID : = args[0]
    for i : = 1; i < len(args); {
        IngInfoitem.IngID = args[i]
        IngInfoitem.IngName = args[i + 1]
        FoodInfos.FoodIngInfo = append(FoodInfos.FoodIngInfo, IngInfoitem)
        i = i + 2
    }
    FoodInfos.FoodID = FoodID

    //结构体
    IngInfoJsonAsBytes, err : = json.Marshal(FoodInfos)
    if err ! = nil {
        return shim.Error(err.Error())
    }
    //状态保存
    err = stub.PutState(FoodInfos.FoodID, IngInfoJsonAsBytes)
    if err ! = nil {
        return shim.Error(err.Error())
    }
    return shim.Success(nil)

}

//获取食品全部信息
func getFoodInfo(stub shim.ChaincodeStubInterface, args []string) pb.Response {

    //检查参数个数
    if len(args) ! = 1 {
        return shim.Error("Incorrect number of arguments.")
    }

    //参数解析
    FoodID : = args[0]
    //在世界状态中根据 FoodID 查询记录
    resultsIterator, err : = stub.GetHistoryForKey(FoodID)
    if err ! = nil {
    return shim.Error(err.Error())
    }
```

```
    defer resultsIterator.Close()

    //迭代获取该 FoodID 对应的全部信息
    var foodAllinfo FoodAllInfo
    for resultsIterator.HasNext() {
        var FoodInfos FoodInfo
        response, err := resultsIterator.Next()
        if err != nil {
            return shim.Error(err.Error())
        }
        json.Unmarshal(response.Value, &FoodInfos)
        if FoodInfos.FoodProInfo.FoodName != "" {
            foodAllinfo.FoodProInfo = FoodInfos.FoodProInfo
        } else if FoodInfos.FoodIngInfo != nil {
            foodAllinfo.FoodIngInfo = FoodInfos.FoodIngInfo
        } else if FoodInfos.FoodLogInfo.LogMission != "" {
            foodAllinfo.FoodLogInfo = append(foodAllinfo.FoodLogInfo, FoodInfos.
FoodLogInfo)
        }

    }

    //对结果进行序列化
    jsonsAsBytes, err := json.Marshal(foodAllinfo)
    if err != nil {
        return shim.Error(err.Error())
    }

    //运行成功并返回
    return shim.Success(jsonsAsBytes)
}

//新增物流信息
func addLogInfo(stub shim.ChaincodeStubInterface, args []string) pb.Response {

    var err error
    var FoodInfos FoodInfo

    //判断参数合法性并解析参数
    if len(args) != 11 {
        return shim.Error("Incorrect number of arguments.")
    }
```

```
    FoodInfos.FoodID = args[0]
    if FoodInfos.FoodID == "" {
        return shim.Error("FoodID can not be empty.")
    }
    FoodInfos.FoodLogInfo.LogDepartureTm = args[1]
    FoodInfos.FoodLogInfo.LogArrivalTm = args[2]
    FoodInfos.FoodLogInfo.LogMission = args[3]
    FoodInfos.FoodLogInfo.LogDeparturePl = args[4]
    FoodInfos.FoodLogInfo.LogDest = args[5]
    FoodInfos.FoodLogInfo.LogToSeller = args[6]
    FoodInfos.FoodLogInfo.LogStorageTm = args[7]
    FoodInfos.FoodLogInfo.LogMOT = args[8]
    FoodInfos.FoodLogInfo.LogCopName = args[9]
    FoodInfos.FoodLogInfo.LogCost = args[10]

    //系列化
    LogInfosJSONasBytes, err := json.Marshal(FoodInfos)
    if err != nil {
        return shim.Error(err.Error())
    }
    //保存状态
    err = stub.PutState(FoodInfos.FoodID, LogInfosJSONasBytes)
    if err != nil {
        return shim.Error(err.Error())
    }
    return shim.Success(nil)
}

//获取食品基本生产信息
func getProInfo(stub shim.ChaincodeStubInterface, args []string) pb.Response {

    //检查参数合法性并解析参数
    if len(args) != 1 {
        return shim.Error("Incorrect number of arguments.")
    }
    FoodID := args[0]
    //根据 FoodID 查询信息
    resultsIterator, err := stub.GetHistoryForKey(FoodID)
    if err != nil {
        return shim.Error(err.Error())
    }
}
```

```go
        defer resultsIterator.Close()

        //迭代赋值
        var foodProInfo ProInfo
        for resultsIterator.HasNext() {
            var FoodInfos FoodInfo
            response, err := resultsIterator.Next()
            if err != nil {
                return shim.Error(err.Error())
            }
            //反序列化
            json.Unmarshal(response.Value, &FoodInfos)
            if FoodInfos.FoodProInfo.FoodName != "" {
                foodProInfo = FoodInfos.FoodProInfo
                continue
            }
        }
        //对结果进行序列化
        jsonsAsBytes, err := json.Marshal(foodProInfo)
        if err != nil {
            return shim.Error(err.Error())
        }
        //返回
        return shim.Success(jsonsAsBytes)
    }

    //获取配料信息
    func getIngInfo(stub shim.ChaincodeStubInterface, args []string) pb.Response {

        if len(args) != 1 {
            return shim.Error("Incorrect number of arguments.")
        }
        FoodID := args[0]
        resultsIterator, err := stub.GetHistoryForKey(FoodID)

        if err != nil {
            return shim.Error(err.Error())
        }
        defer resultsIterator.Close()

        var foodIngInfo []IngInfo
        for resultsIterator.HasNext() {
```

```go
        var FoodInfos FoodInfo
        response, err := resultsIterator.Next()
        if err != nil {
            return shim.Error(err.Error())
        }
        json.Unmarshal(response.Value, &FoodInfos)
        if FoodInfos.FoodIngInfo != nil {
            foodIngInfo = FoodInfos.FoodIngInfo
            continue
        }
    }
    jsonsAsBytes, err := json.Marshal(foodIngInfo)
    if err != nil {
        return shim.Error(err.Error())
    }
    return shim.Success(jsonsAsBytes)
}

//获取全部物流信息
func getLogInfo(stub shim.ChaincodeStubInterface, args []string) pb.Response {

    var LogInfos []LogInfo

    if len(args) != 1 {
        return shim.Error("Incorrect number of arguments.")
    }

    FoodID := args[0]
    resultsIterator, err := stub.GetHistoryForKey(FoodID)
    if err != nil {
        return shim.Error(err.Error())
    }
    defer resultsIterator.Close()

    for resultsIterator.HasNext() {
        var FoodInfos FoodInfo
        response, err := resultsIterator.Next()
        if err != nil {
            return shim.Error(err.Error())
        }
        json.Unmarshal(response.Value, &FoodInfos)
        if FoodInfos.FoodLogInfo.LogMission != "" {
```

```
                    LogInfos = append(LogInfos, FoodInfos.FoodLogInfo)
            }
        }
        jsonsAsBytes, err := json.Marshal(LogInfos)
        if err != = nil {
            return shim.Error(err.Error())
        }
        return shim.Success(jsonsAsBytes)
    }


    //获取最新物流信息
    func getLogInfo_l(stub shim.ChaincodeStubInterface, args []string) pb.Response {
        var Loginfo LogInfo

        if len(args) != = 1 {
            return shim.Error("Incorrect number of arguments.")
        }

        FoodID := args[0]
        resultsIterator, err := stub.GetHistoryForKey(FoodID)
        if err != = nil {
            return shim.Error(err.Error())
        }
        defer resultsIterator.Close()

        for resultsIterator.HasNext() {
            var FoodInfos FoodInfo
            response, err := resultsIterator.Next()
            if err != = nil {
                return shim.Error(err.Error())
            }
            json.Unmarshal(response.Value, &FoodInfos)
            if FoodInfos.FoodLogInfo.LogMission != = "" {
                Loginfo = FoodInfos.FoodLogInfo
                continue
            }
        }
        jsonsAsBytes, err := json.Marshal(Loginfo)
        if err != = nil {
            return shim.Error(err.Error())
        }
```

```
        return shim.Success(jsonsAsBytes)
    }

    func main() {
        err : = shim.Start(new(FoodChainCode))
        if err ! = nil {
                fmt.Printf("Error starting Food chaincode：% s", err)
        }
    }
```

以上就是一个简略版食品溯源平台的全部代码,虽然是一个十分简略的实现,但是,其中涵盖了智能合约开发过程中的一些主要操作。感兴趣的读者可以在此基础上进一步丰富完善。

4.2.3　链上验证

根据之前章节中介绍的部署智能合约的方式,把智能合约部署到链上后,可以通过具体的操作进行简单的测试,验证智能合约是否达到预定期望。

(1) 新增食品出厂信息。

```
peer chaincode invoke -C mychannel -n trace
-c '{"Args":["addProInfo","2020","cola","20200102","24m",
"0-0-0-1","QS785485","cola","1yuan","shanghai"]}'
```

(2) 新增配料信息。

```
peer chaincode invoke -C mychannel -n trace
-c '{"Args":["addIngInfo","2020","1","suger","2","caffeine"]}'
```

(3) 查看食品全部信息。

```
peer chaincode invoke -C mychannel -n trace -c '{"Args":["查看 FoodInfo","2020"]}'
```

(4) 查看食品基本出厂信息。

```
peer chaincode invoke -C mychannel -n trace -c '{"Args":["getProInfo","2020"]}'
```

(5) 查看食品配料信息。

```
peer chaincode invoke -C mychannel -n trace -c '{"Args":["getIngInfo","2020"]}'
```

(6) 新增两条物流信息。

```
peer chaincode invoke -C mychannel -n trace -c '{"Args":["addLogInfo","2020",
"20200101"," 20200103"," transport"," shanghai"," beijing"," mall"," 3"," truck",
"shunfeng","20"]}'
```

```
    peer chaincode invoke -C mychannel -n trace -c '{"Args":["addLogInfo","2020",
"20200103"," 20200105"," transport"," beijing"," xian"," mall"," 3"," train",
"shunfeng","20"]}'
```

（7）查询全部物流信息。

```
peer chaincode invoke -C mychannel -n trace -c '{"Args":["getLogInfo","2020"]}'
```

（8）查询最新物流信息。

```
peer chaincode invoke -C mychannel -n trace -c '{"Args":["getLogInfo_l","2020"]}'
```

§4.3　基于区块链的二手商品交易平台

4.3.1　需求分析

二手物品交易在美国电子商务公司 eBay 每年的交易量中，达到了 20%。但是在中国，尽管有包括咸鱼在内的多个二手交易平台机构，二手交易市场始终不温不火。

国内的信誉体系还不完善，二手物品交易与一般的购买商品不同，它是个人与个人之间的二手交易，没有大平台背书，普遍缺乏安全感。在二手交易平台上，欺诈者能通过买方身份骗取用户的闲置物品。例如，买方收到物品之后拒绝付款，并且坚持自己并没有收货。同样，欺诈者可以通过卖方身份来欺诈消费者，如卖假货的问题。

然而，区块链确实有可能解决二手交易的信任问题。可以把区块链比作一本公开、透明、分散、无主的总账本。所有参与二手交易的人，都可以按照智能合约来记账，并且节点都拥有自己的账本，每个账本的数据都是相同的。而区块链中的"区块"就好像总账本中一页一页的账页，记账人记录的每一笔账都要经过其他记账人核准。另外，所有账目是公开的，而记账人是匿名的。下面从区块链的三大特征进行对比：

第一，去中心化。所谓"去中心化"，其实就是没有中心，或者人人都是中心。每个区块节点互相连接、互相影响，且都有记账权，任一节点都可能成为阶段性的中心节点，但不具备强制性的控制作用。利用区块链就可以不再依赖中心化机构，买家和卖家可以直接交易，而无需通过第三方支付平台，用户无须担心自己的个人信息泄漏，这样能使得用户更加信任商品交易平台。

第二，匿名性。区块链的匿名性是基于算法实现了以地址来寻址，而不是以个人身份信息进行交易流转。这样在区块链网络上只能查到转账记录，而不知道这个人的个人信息，使得用户可以在平台上更加安全地交易商品。

第三，不可篡改和加密安全性。区块链账本采取单向哈希算法，每个新产生的区块都严格按照时间顺序线性"连结"，区块链系统信息一旦通过验证并添加至区块链后，就得到永久存储，无法更改。这样任何人的交易记录都能溯源，增加用户对交易的信任感。

在没有中央集中管理的第三方情况下，基于区块链的二手商品交易平台能解决"陌生信任"，它不仅解放了 C2C 的交易，还带来了"智能信任"的新未来。

4.3.2　智能合约开发

对于一个简易的二手交易平台，首先要提供用户开户的功能、用户登记自己资产的功能，还需要提供用户之间进行资产交易的功能和资产查询的功能。因此，需要构建 3 个业务实体：

（1）用户：用户名、标识、资产列表等。

（2）资产：资产名、标识、特殊属性列表等。

（3）资产变更记录表：资产标识、资产源所有者、资产历史变更查询等。

```go
package main

import (
    "fmt"
    "encoding/json"
    "github.com/hyperledger/fabric/core/chaincode/shim"
    "github.com/hyperledger/fabric/protos/peer"
)

// 用户
type User struct {
    Name string `json:"name"`
    ID string `json:"id"`
    Assets []string `json:"assets"`
}
// 资产
type Asset struct {
    Name string `json:"name"`
    ID string `json:"id"`
    Metadata string `json:"metadata"`
}
// 资产变更记录
type AssetHistory struct {
    AssetID string `json:"asset_id"`
    OriginOwnerID string `json:"origin_owner_id"`
    CurrentOwnerID string `json:"current_owner_id"`
}
// 原始用户占位符
const (
    originOwner = "originOwnerPlaceholder"
)

func constructUserKey(userId string)string{
    return fmt.Sprint("user_%s",userId)
}

func constructAssetKey(assetID string)string{
    return fmt.Sprint("asset_%s",assetID)
}
// 用户注册(开户)
```

```go
func userRegister ( stub shim.ChaincodeStubInterface, args [ ] string) peer.
Response{
    // step 1:检查参数个数
    if len(args) != 2{
        return shim.Error("Not enough args")
    }

    // step 2:验证参数正确性
    name := args[0]
    id := args[1]
    if name == "" || id == ""{
        return shim.Error("Invalid args")
    }
    // step 3:验证数据是否存在
    if userBytes, err := stub.GetState(constructUserKey(id));err != nil || len
(userBytes) != 0{
        return shim.Error("User alreay exist")
    }
    // step 4: 写入状态
    user := User{
        Name:name,
        ID:id,
        Assets:make([]string,0),
    }
    // 序列化对象
    userBytes, err := json.Marshal(user)
    if err != nil{
        return shim.Error(fmt.Sprint("marshal user error %s",err))
    }
    err = stub.PutState(constructUserKey(id), userBytes)
    if err != nil {
        return shim.Error(fmt.Sprint("put user error %s", err))
    }
    return shim.Success(nil)
}

// 资产登记
func assetEnroll(stub shim.ChaincodeStubInterface,args []string)peer.Response{
    // step 1:检查参数个数
    if len(args) != 4 {
        return shim.Error("Not enough args")
```

```go
    }
    // step 2：验证参数正确性
    assetName := args[0]
    assetId := args[1]
    metadata := args[2]
    ownerId := args[3]
    if assetName == "" || assetId == "" || ownerId == ""{
        return shim.Error("Invalid args")
    }
    // step 3：验证数据是否存在
    userBytes, err := stub.GetState(constructUserKey(ownerId))
    if err != nil || len(userBytes) == 0{
        return shim.Error("User not found")
    }
    if assetBytes, err := stub.GetState(constructAssetKey(assetId)); err == nil
&& len(assetBytes) != 0 {
        return shim.Error("Asset already exist")
    }
    // step 4：写入状态
    asset := &Asset{
        Name:     assetName,
        ID:       assetId,
        Metadata: metadata,
    }
    assetBytes, err := json.Marshal(asset)
    if err != nil {
        return shim.Error(fmt.Sprintf("marshal asset error：%s", err))
    }
    if err := stub.PutState(constructAssetKey(assetId), assetBytes); err !=
nil {
        return shim.Error(fmt.Sprintf("save asset error：%s", err))
    }

    user := new(User)
    // 反序列化 user
    if err := json.Unmarshal(userBytes, user); err != nil {
        return shim.Error(fmt.Sprintf("unmarshal user error：%s", err))
    }
    user.Assets = append(user.Assets, assetId)
    // 序列化 user
```

```
userBytes, err = json.Marshal(user)
if err != nil {
    return shim.Error(fmt.Sprintf("marshal user error: %s", err))
}
if err := stub.PutState(constructUserKey(user.ID), userBytes); err != nil {
    return shim.Error(fmt.Sprintf("update user error: %s", err))
}

// 资产变更历史
history := &AssetHistory{
    AssetID:        assetId,
    OriginOwnerID:  originOwner,
    CurrentOwnerID: ownerId,
}
historyBytes, err := json.Marshal(history)
if err != nil {
    return shim.Error(fmt.Sprintf("marshal assert history error: %s", err))
}

historyKey, err := stub.CreateCompositeKey("history", []string{
    assetId,
    originOwner,
    ownerId,
})
if err != nil {
    return shim.Error(fmt.Sprintf("create key error: %s", err))
}

if err := stub.PutState(historyKey, historyBytes); err != nil {
    return shim.Error(fmt.Sprintf("save assert history error: %s", err))
}
    return shim.Success(historyBytes)
}

// 资产转让
func assetExchange (stub shim.ChaincodeStubInterface, args [] string) peer.Response{
    // step 1:检查参数个数
    if len(args) != 3 {
        return shim.Error("Not enough args")
    }
```

```go
// step 2:验证参数正确性
ownerID := args[0]
assetID := args[1]
currentOwnerID := args[2]
if ownerID == "" || assetID == "" || currentOwnerID == "" {
    return shim.Error("Invalid args")
}
// step 3:验证数据是否存在
originOwnerBytes, err := stub.GetState(constructUserKey(ownerID))
if err != nil || len(originOwnerBytes) == 0 {
    return shim.Error("user not found")
}

currentOwnerBytes, err := stub.GetState(constructUserKey(currentOwnerID))
if err != nil || len(currentOwnerBytes) == 0 {
    return shim.Error("user not found")
}

assetBytes, err := stub.GetState(constructAssetKey(assetID))
if err != nil || len(assetBytes) == 0 {
    return shim.Error("asset not found")
}

// 校验原始拥有者确实拥有当前变更的资产
originOwner := new(User)
// 反序列化 user
if err := json.Unmarshal(originOwnerBytes, originOwner); err != nil {
    return shim.Error(fmt.Sprintf("unmarshal user error：%s", err))
}
aidexist := false
  for _, aid := range originOwner.Assets {
    if aid == assetID {
        aidexist = true
        break
    }
}
if !aidexist {
    return shim.Error("asset owner not match")
}
// step 4：写入状态
assetIds := make([]string, 0)
```

```go
        for _, aid := range originOwner.Assets {
            if aid == assetID {
                continue
            }

            assetIds = append(assetIds, aid)
        }
        originOwner.Assets = assetIds

        originOwnerBytes, err = json.Marshal(originOwner)
        if err != nil {
            return shim.Error(fmt.Sprintf("marshal user error: %s", err))
        }
        if err := stub.PutState(constructUserKey(ownerID), originOwnerBytes); err
!= nil {
            return shim.Error(fmt.Sprintf("update user error: %s", err))
        }

        // 当前拥有者插入资产 id
        currentOwner := new(User)
        // 反序列化 user
        if err := json.Unmarshal(currentOwnerBytes, currentOwner); err != nil {
            return shim.Error(fmt.Sprintf("unmarshal user error: %s", err))
        }
        currentOwner.Assets = append(currentOwner.Assets, assetID)

        currentOwnerBytes, err = json.Marshal(currentOwner)
        if err != nil {
            return shim.Error(fmt.Sprintf("marshal user error: %s", err))
        }
          if err := stub.PutState(constructUserKey(currentOwnerID), currentOwnerBytes);
err != nil {
            return shim.Error(fmt.Sprintf("update user error: %s", err))
        }

        // 插入资产变更记录
        history := &AssetHistory{
            AssetID:        assetID,
            OriginOwnerID:  ownerID,
            CurrentOwnerID: currentOwnerID,
        }
        historyBytes, err := json.Marshal(history)
```

```go
    if err != nil {
        return shim.Error(fmt.Sprintf("marshal asset history error: %s", err))
    }

    historyKey, err := stub.CreateCompositeKey("history", []string{
        assetID,
        ownerID,
        currentOwnerID,
    })
    if err != nil {
        return shim.Error(fmt.Sprintf("create key error: %s", err))
    }

    if err := stub.PutState(historyKey, historyBytes); err != nil {
        return shim.Error(fmt.Sprintf("save asset history error: %s", err))
    }

    return shim.Success(nil)
}

// 用户查询
func queryUser(stub shim.ChaincodeStubInterface, args []string) peer.Response {
    // step 1:检查参数个数
    if len(args) != 1 {
        return shim.Error("Not enough args")
    }
    // step 2:验证参数正确性
    userID := args[0]
    if userID == "" {
        return shim.Error("Invalid args")
    }
    // step 3:验证数据是否存在
    userBytes, err := stub.GetState(constructUserKey(userID))
    if err != nil || len(userBytes) == 0 {
        return shim.Error("user not found")
    }

    return shim.Success(userBytes)
}

// 资产查询
func queryAsset(stub shim.ChaincodeStubInterface, args []string) peer.Response {
```

```
// step 1:检查参数个数
if len(args) != 1 {
    return shim.Error("Not enough args")
}

// step 2:验证参数正确性
assetID := args[0]
if assetID == ""{
    return shim.Error("Invalid args")
}
// step 3:验证数据是否存在
assetBytes, err := stub.GetState(constructAssetKey(assetID))
if err != nil || len(assetBytes) == 0 {
    return shim.Error("asset not found")
}

return shim.Success(assetBytes)
}
// 资产交易记录查询
func queryAssetHistory(stub shim.ChaincodeStubInterface, args []string) peer.
Response{
    // step 1:检查参数个数
    if len(args) != 2 && len(args) != 1 {
        return shim.Error("Not enough args")
    }

    // step 2:验证参数正确性
    assetID := args[0]
    if assetID == ""{
        return shim.Error("Invalid args")
    }
    queryType := "all"
    if len(args) == 2 {
        queryType = args[1]
    }

    if queryType != "all" && queryType != "enroll" && queryType != "exchange" {
        return shim.Error(fmt.Sprintf("queryType unknown %s", queryType))
    }
    // step 3:验证数据是否存在
    assetBytes, err := stub.GetState(constructAssetKey(assetID))
```

```go
if err != nil || len(assetBytes) == 0 {
    return shim.Error("asset not found")
}

// 查询相关数据
keys := make([]string, 0)
keys = append(keys, assetID)
switch queryType {
case "enroll":
    keys = append(keys, originOwner)
case "exchange", "all": // 不添加任何附件 key
default:
    return shim.Error(fmt.Sprintf("unsupport queryType: %s", queryType))
}
result, err := stub.GetStateByPartialCompositeKey("history", keys)
if err != nil {
    return shim.Error(fmt.Sprintf("query history error: %s", err))
}
defer result.Close()

histories := make([]*AssetHistory, 0)
for result.HasNext() {
    historyVal, err := result.Next()
    if err != nil {
        return shim.Error(fmt.Sprintf("query error: %s", err))
    }

    history := new(AssetHistory)
    if err := json.Unmarshal(historyVal.GetValue(), history); err != nil {
        return shim.Error(fmt.Sprintf("unmarshal error: %s", err))
    }

    // 过滤掉不是资产转让的记录
    if queryType == "exchange" && history.OriginOwnerID == originOwner {
        continue
    }

    histories = append(histories, history)
}

historiesBytes, err := json.Marshal(histories)
if err != nil {
```

```go
        return shim.Error(fmt.Sprintf("marshal error: %s", err))
    }

    return shim.Success(historiesBytes)
}

type AssetExchangeChainCode struct {

}
func (t * AssetExchangeChainCode) Init(stub shim.ChaincodeStubInterface) peer.
Response{

    return shim.Success(nil)
}

func (t * AssetExchangeChainCode) Invoke(stub shim.ChaincodeStubInterface) peer.
Response{
    functionName, args := stub.GetFunctionAndParameters()
    switch functionName {
    case "userRegister":
        return userRegister(stub,args)
    case "assetEnroll":
        return assetEnroll(stub,args)
    case "assetExchange":
        return assetExchange(stub,args)
    case "queryUser":
        return queryUser(stub,args)
    case "queryAsset":
        return queryAsset(stub,args)
    case "queryAssetHistory":
        return queryAssetHistory(stub,args)
    default:
        return shim.Error(fmt.Sprintf("unsupported function: %s", functionName))
    }
    return shim.Success(nil)
}

func main() {
    err := shim.Start(new(AssetExchangeChainCode))
    if err != nil {
        fmt.Printf("Error starting AssetExchange chaincode: %s", err)
```

```
    }
}
```

4.3.3　验证

根据之前章节的内容安装以及实例化合约之后,可以通过实际的操作步骤演示执行调用具体的合约。

(1) 注册 user1。

peer chaincode invoke -C mychannel -n mychannel -c '{"Args":["userRegister", "user1", "user1"]}'

(2) 注册 user2。

peer chaincode invoke -C mychannel -n mychannel -c '{"Args":["userRegister", "user2", "user2"]}'

(3) user1 进行资产登记。

peer chaincode invoke -C mychannel -n mychannel -c '{"Args":["assetEnroll", "asset1", "asset1", "metadata", "user1"]}'

(4) user1 与 user2 进行资产交易。

peer chaincode invoke -C mychannel -n mychannel -c '{"Args":["assetExchange", "user1", "asset1", "user2"]}'

(5) 查询 user1。

peer chaincode query -C mychannel -n mychannel -c '{"Args":["queryUser", "user1"]}'

(6) 查询资产交易记录。

peer chaincode query -C mychannel -n mychannel -c '{"Args":["queryAssetHistory", "asset1", "all"]}'

环境部署实验

§5.1 Hyperledger Fabric 环境部署与实验(基本环境架构)

本章主要讲解准备计算机环境、演示搭建链环境、安装智能合约、使用智能合约的全部过程,可以让读者对区块链系统有个直观感受。

5.1.1 Hyperledger Fabric 版本

Hyperledger Fabric 的主要版本为 1.4.×和 2.×,2.×是 2020 年初的大版本更新,与1.4版本相比有了较多变化。本书以编写时的最新版本 2.1.0 为例进行介绍,在查阅互联网资料时请注意系统版本造成的差异。

Fabric 利用容器环境运行对操作系统比较友好,Windows、MacOS、Linux 都可以安装运行。

5.1.2 前置条件

一、安装基础软件

需要安装 Git、Curl、Docker、Go 等一系列基础软件,其中,Git 和 Curl 主要是下载依赖的源代码,Docker 是利用容器技术在电脑上模拟区块链的多个节点,Go 是本书主要介绍的智能合约开发语言。

安装这些软件前事先需要了解计算机 CPU 的架构,现阶段大部分 CPU 均为 64 位,早期 CPU 需下载 32 位版本应用程序。

为了方便查看代码,建议安装 VS Code 作为源代码编辑工具。

1. MacOS 系统

建议使用 brew 安装依赖的软件,文件包提供了使用国内镜像的 brew 安装文件。

```
/bin/bash brew_install
brew install git curl wget go docker
```

安装 Go 语言环境。需要配置系统环境变量 GOPATH。

```
export GOPATH = 安装所在目录
```

2. Linux 系统

与各类发行版安装软件的方式有关,在这里不一一详述。

3. Windows 系统

以下简要介绍 Windows 下的安装过程。由于部分程序为 Linux 系统设计,Windows 存在一定的兼容性问题,需要对代码做一定的调整。

首先需要安装 Git,并需要配置如下:

gitconfig --global core.autocrlf false

gitconfig --global core.longpaths true

将压缩包解压缩至某个目录,配置系统环境变量 BATH,增加 curl\bin 目录。

安装 Go 语言环境。Docker 是容器运行环境,Windows 10 pro 或者 Enterprise 建议使用 Docker Desktop Installer,Windows 10 Home 和早期版本如(Windows 7)需要使用 DockerToolbox。

对于 Windows 而言,需要用安装好的 Docker Quickstart Terminal 来进行后续操作,双击 Docker Quickstart Terminal,首次开启时系统会做一系列准备工作。由于 github 网站可能连接速度较慢,建议复制附件包中的 boot2docker.iso 至 C:\Users\用户名\.docker\cache 中,解决依赖文件的下载问题。

Running pre-create checks...

(default) Unable to get the latest Boot2Docker ISO release version...

Creating machine...

(default) Copying C:\Users\用户名\.docker\machine\cache\boot2docker.iso to C:\Users\用户名\.docker\machine\machines\default\boot2docker.iso...

(default) Creating VirtualBox VM...

(default) Creating SSH key...

(default) Starting the VM...

(default) Check network to re-create if needed...

(default) Windows might ask for the permission to configure a dhcp server. Sometimes, such confirmation window is minimized in the taskbar.

(default) Waiting for an IP...

Waiting for machine to be running, this may take a few minutes...

Detecting operating system of created instance...

Waiting for SSH to be available...

Detecting the provisioner...

Provisioning with boot2docker...

Copying certs to the local machine directory...

Copying certs to the remote machine...

Setting Docker configuration on the remote daemon...

Checking connection to Docker...

Docker is up and running!

To see how to connect your Docker Client to the Docker Engine running on this virtual machine, run: C:\Program Files\Docker Toolbox\docker-machine.exe env default

正常启动后,会出现容器的鲸鱼图形,提示如下:

```
                            ##         .
                       ## ## ##        ==
                    ## ## ## ## ##    ===
                /"""""""""""""""""\___/ ===
           ~~~ {~~ ~~~~ ~~~ ~~~~ ~~~ ~ /  ===- ~~~
                _____ o           __/
                  \    \         __/
                   _____/
```

docker is configured to use the default machine with IP 192.168.99.100

For help getting started, check out the docs at https://docs.docker.com

Start interactive shell

请注意这里将会把 Windows 的路径格式修改为/c/Users/的形式。

安装完成后,在 Docker Quikstart Terminal 命令行窗口,分别输入如下指令确认是否成功安装:

git -version

git config --get core.autocrlf

git config --get core.longpaths

curl --version

docker --version

go version

5.1.3 安装实验环境

首先选择一个目录放置源代码文件,在安装和运行示例建议使用 C:\Users(Windows 7)或 /Users(macOS)目录下的路径,否则会出现一些额外的操作需要处理。

以下操作以 C:\Users\fabric、/Users/fabric 为例。

如果网络畅通,可以使用 Fabric 的一键安装脚本,完成程序下载和容器镜像下载。

cd /c/Users/fabric

curl -sSL https://bit.ly/2ysbOFE | bash -s

一个完整的 sample 应具备如下内容:

CODEOWNERS

CODE_OF_CONDUCT.md

CONTRIBUTING.md

LICENSE

MAINTAINERS.md

README.md

```
SECURITY.md
bin
chaincode
chaincode-docker-devmode
ci
commercial-paper
config
fabcar
first-network
high-throughput
interest_rate_swaps
off_chain_data
test-network
```

同时，容器镜像应该包含以下内容：

REPOSITORY	TAG
hyperledger/fabric-tools	2.1
hyperledger/fabric-tools	2.1.0
hyperledger/fabric-tools	latest
hyperledger/fabric-peer	2.1
hyperledger/fabric-peer	2.1.0
hyperledger/fabric-peer	latest
hyperledger/fabric-orderer	2.1
hyperledger/fabric-orderer	2.1.0
hyperledger/fabric-orderer	latest
hyperledger/fabric-ccenv	2.1
hyperledger/fabric-ccenv	2.1.0
hyperledger/fabric-ccenv	latest
hyperledger/fabric-baseos	2.1
hyperledger/fabric-baseos	2.1.0
hyperledger/fabric-baseos	latest
hyperledger/fabric-nodeenv	2.1
hyperledger/fabric-nodeenv	2.1.0
hyperledger/fabric-nodeenv	latest
hyperledger/fabric-javaenv	2.1
hyperledger/fabric-javaenv	2.1.0
hyperledger/fabric-javaenv	latest
hyperledger/fabric-ca	1.4
hyperledger/fabric-ca	1.4.6
hyperledger/fabric-ca	latest

hyperledger/fabric-zookeeper	0.4
hyperledger/fabric-zookeeper	0.4.18
hyperledger/fabric-zookeeper	latest
hyperledger/fabric-kafka	0.4
hyperledger/fabric-kafka	0.4.18
hyperledger/fabric-kafka	latest
hyperledger/fabric-couchdb	0.4
hyperledger/fabric-couchdb	0.4.18
hyperledger/fabric-couchdb	latest

可以注意到在下载过程中,脚本会标记长版本号、短版本号、latest 标签。

本书提供了辅助脚本,可以通过辅助程序包中的 env.sh 完成工作。

```
./env.sh -le
```

执行完成后,把辅助工具包中的 fabric-sample 目录复制至 C:\User\fabric 中即可。注意:由于容器权限问题,不建议使用其他目录。

§5.2　Hyperledger Fabric 环境部署与实验(测试网络)

Hyperleder Fabric 的 sample 代码中包含了完整的样例,本节将以其中主要的 test-network 例子来指导进行环境部署和链码开发的实验,这个样例是在 2.× 版本时引入环境中的。

一、创建网络和节点环境

test-network 的样例中包含 2 个普通节点,分别属于 Org1 和 Org2 不同的组织,每个组织各包含 1 个普通节点 peer0 作为排序节点,提供排序服务。

可以用自带的 network.sh 脚本测试安装效果。首先使用 down 指令进行清理,再使用 up 指令启动 3 个节点。

```
cd fabric-samples/test-network
./network.sh down
./network.sh up
```

可以看到成功执行的结果如下:

```
Creating network "net_test" with the default driver
Creating volume "net_orderer.example.com" with default driver
Creating volume "net_peer0.org1.example.com" with default driver
Creating volume "net_peer0.org2.example.com" with default driver
Creating peer0.org1.example.com ... done
Creating orderer.example.com    ... done
Creating peer0.org2.example.com ... done
CONTAINER ID        IMAGE                                    COMMAND
```

CREATED	STATUS	PORTS
NAMES		
400640c97627	hyperledger/fabric-peer:latest	"peer node start" 1
second ago	Up Less than a second	0.0.0.0:7051->7051/tcp
peer0.org1.example.com		
428be35ff034	hyperledger/fabric-peer:latest	"peer node start" 1
second ago	Up Less than a second	7051/tcp, 0.0.0.0:9051->9051/tcp
peer0.org2.example.com		
db37539d074a	hyperledger/fabric-orderer:latest	"orderer" 1
second ago	Up Less than a second	0.0.0.0:7050->7050/tcp
orderer.example.com		

如果未能出现类似结果,需要检查组件是否都正确安装。

最后一部分为容器的运行状态信息,依次为容器 ID、使用的镜像、最后的命令、创建时间、状态、端口、实例名称,可以使用 Docker ps 查看(图 5-1)。

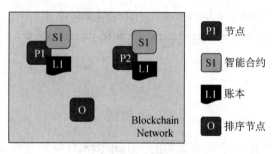

图 5-1   输出

二、创建信息通道

准备好 3 个演示节点以后,将进行信息通道(channel)的创建步骤,在示例代码中,可以使用如下指令创建 channel:

./network.sh createChannel

也可使用-c 参数,指定通道名称。

不带参数输入时,默认名称为 mychannel。

./network.sh createChannel -c channel1

当出现如下提示时,

========= Channel successfully joined ===========

创建就成功了,可以在文件夹 channel-artifacts 中看到有 channel 名称的.block 文件和.tx 文件。

如果 channel 已经创建或者存在异常,会提示创建失败。

!!!!!!!!!!!!!!!! Channel creation failed !!!!!!!!!!!!!!!!!

异常提示:如果出现无法连接的问题,由于 Windows 的 Docker 系统生成的地址原因,需

要把目录 scripts 中 3 个 .sh 文件中的 localhost 改成 192.168.99.100 才可正常运行。

三、安装合约

随后安装一个演示使用的智能合约 fabcar，这里选择 Go 语言版本。如果是首次使用，可以看到 Go 语言下载依赖包的过程。如果下载异常，需要添加国内的 Go 镜像代理，操作方式参见 5.3.6 节，或者将程序包中 go 目录下的 go.pkg.mod.zip 内容，解压到 /c/Users/用户/go/pkg/mod/ 目录内。

```
$ ./network.sh deployCC
deploying chaincode on channel 'mychannel'

Vendoring Go dependencies ...

go：downloading github.com/hyperledger/fabric-contract-api-go v1.0.0
go：downloading github.com/hyperledger/fabric-protos-go v0.0.0-20200124220212-
    e9cfc186ba7b
go：downloading github.com/xeipuuv/gojsonschema v1.2.0
go：downloading github.com/hyperledger/fabric-chaincode-go v0.0.0-20200128192331-
    2d899240a7ed
……（以下省略）
……
Finished vendoring Go dependencies
```

这样就创建好一个如图 5-2 所示架构的 Fabric 演示环境。它具备两个节点、排序服务节点，使用一个消息通道，安装完成链码。

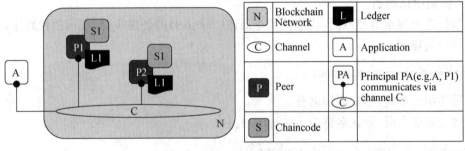

图 5-2　架构的 Fabric 演示环境

具备一条完整结构的区块链以后，现实中的业务系统需要同区块链进行数据交互。

首先做下面的准备工作，确保命令行在 test-network 目录内，进行参数配置工作，这里做的工作要确保 peer 指令能直接使用，制定了 fabric 的配置，设置了访问所需的 MSP 和证书信息。

```
export PATH = ${PWD}/../bin：${PWD}：$PATH
export FABRIC_CFG_PATH = $PWD/../config/
export CORE_PEER_TLS_ENABLED = true
```

```
export CORE_PEER_LOCALMSPID = "Org1MSP"
export CORE_PEER_TLS_ROOTCERT_FILE = ${PWD}/organizations/peerOrganizations/
org1.example.com/peers/peer0.org1.example.com/tls/ca.crt
export CORE_PEER_MSPCONFIGPATH = ${PWD}/organizations/peerOrganizations/org1.
example.com/users/Admin@org1.example.com/msp
export CORE_PEER_ADDRESS = localhost:7051
```

完成上述参数配置后,可以直接执行、查看效果。

```
peer chaincode query -C mychannel -n fabcar -c '{"Args":["queryAllCars"]}'
```

正确的反应应该如下所示:

```
[{"Key":"CAR0","Record":{"make":"Toyota","model":"Prius","colour":"blue",
"owner":"Tomoko"}},{"Key":"CAR1","Record":{"make":"Ford","model":"Mustang",
"colour":"red","owner":"Brad"}},{"Key":"CAR2","Record":{"make":"Hyundai",
"model":"Tucson","colour":"green","owner":"Jin Soo"}},{"Key":"CAR3","Record":{
"make":"Volkswagen","model":"Passat","colour":"yellow","owner":"Max"}},{"Key":
"CAR4","Record":{"make":"Tesla","model":"S","colour":"black","owner":
"Adriana"}},{"Key":"CAR5","Record":{"make":"Peugeot","model":"205","colour":
"purple","owner":"Michel"}},{"Key":"CAR6","Record":{"make":"Chery","model":
"S22L","colour":"white","owner":"Aarav"}},{"Key":"CAR7","Record":{"make":"Fiat",
"model":"Punto","colour":"violet","owner":"Pari"}},{"Key":"CAR8","Record":
{"make":"Tata","model":"Nano","colour":"indigo","owner":"Valeria"}},{"Key":"CAR9",
"Record":{"make":"Holden","model":"Barina","colour":"brown","owner":"Shotaro"}}]
```

这样就完成了完整的测试网络搭建,可以在此基础上进行后继实验工作。例如,用命令行执行一条引起数据变化的指令。

```
peer chaincode invoke -o localhost:7050 --ordererTLSHostnameOverride orderer.
example.com --tls true --cafile ${PWD}/organizations/ordererOrganizations/example.
com/orderers/orderer.example.com/msp/tlscacerts/tlsca.example.com-cert.pem -C
mychannel -n fabcar --peerAddresses localhost:7051 --tlsRootCertFiles ${PWD}/
organizations/peerOrganizations/org1.example.com/peers/peer0.org1.example.com/tls/
ca.crt --peerAddresses localhost:9051 --tlsRootCertFiles ${PWD}/organizations/
peerOrganizations/org2.example.com/peers/peer0.org2.example.com/tls/ca.crt -c '
{"function":"changeCarOwner","Args":["CAR9","Dave"]}'
```

```
[chaincodeCmd] chaincodeInvokeOrQuery -> INFO 001 Chaincode invoke successful.
result: status:200
```

此时,区块链的数据已被修改,可以查询 CAR9 的信息。

```
peer chaincode query -C mychannel -n fabcar -c '{"Args":["queryCar","CAR9"]}'
```

```
{"make":"Holden","model":"Barina","colour":"brown","owner":"Dave"}
```

运行 docker ps,可以看到安装智能合约链码以后,系统增加了名为

"dev-peer0.org1.example.com-fabcar_1-
65710fa851d5c73690faa4709ef40b798c085e7210c46d44f8b1e2d5a062c9b0-
0ca9287fd994c9e3127d7fbba2f50ee23bae41fca7349e5a02c07da5bccc19d2"

的两个链码专用容器。在每个人自己的环境中,链码容器的名称可能会不同。

CONTAINER ID IMAGE COMMAND CREATED STATUS PORTS NAMES f592e6e6643d dev-peer0.org1.
example.com-fabcar_1_65710fa851d5c73690faa4709ef40b798c085e7210c46d44f8b1e2d5a062c
9b0-0ca9287fd994c9e3127d7fbba2f50ee23bae41fca7349e5a02c07da5bccc19d2 "chaincode -peer.
add..." 11 minutes ago Up 11 minutes

dev-peer0.org1.example.com-fabcar_1-65710fa851d5c73690faa4709ef40b798c085e7210c
46d44f8b1e2d5a062c9b0fe541565a52d

dev-peer0.org2.example.com-fabcar_1-65710fa851d5c73690faa4709ef40b798c085e7210c
46d44f8b1e2d5a062c9b0-4e2b229875474d0d0f1825ba1a81136efd9f4ec456c771bd40ea58269ec
f4550 "

chaincode-peer.add..." 11 minutes ago Up 11 minutes

四、配置 Go 使用国内依赖包镜像

打开 PowerShell 并执行下面的指令。

C:\> $ env:GO111MODULE = "on"

C:\> $ env:GOPROXY = "https://goproxy.cn"

或者完成下面的操作。

(1) 打开"开始"并搜索"env";

(2) 选择"编辑系统环境变量";

(3) 点击"环境变量…"按钮;

(4) 在"〈用户名〉的用户变量"章节下(上半部分)点击"新建…"按钮;

(5) 选择"变量名"输入框,并输入"GO111MODULE";

(6) 选择"变量值"输入框,并输入"on";

(7) 点击"确定"按钮;

(8) 点击"新建…"按钮;

(9) 选择"变量名"输入框,并输入"GOPROXY";

(10) 选择"变量值"输入框,并输入"https://goproxy.cn";

(11) 点击"确定"按钮。

完成配置 Go 使用国内依赖包镜像。

§5.3 Hyperledger Fabric 智能合约开发(基于 Go 语言)

5.3.1 基础环境准备

智能合约开发需要 Docker、Go 语言环境,以及常用的 IDE(或者文本编辑器),需要下载

Fabric Samples 和对应的容器镜像。

使用如下命令,确认依赖程序已安装。

docker --version

go version

使用 docker images,检查如下镜像都存在。

hyperledger/fabric-orderer, hyperledger/fabric-peer, hyperledger/fabric-tools, hyperledger/fabric-ccenv

在完成前面搭建演示系统的步骤后,即具备开发智能合约所需的基础环境。

5.3.2　开发测试流程

首先,使用一个源代码自带的合约 abstore 演示全部流程。

进入样例代码目录,其中,应该包含 chaincode 和 chaincode-docker-devmode 两个目录,分别是智能合约源码和开发测试所依赖的代码。

开启一个命令行终端窗口,进入 chaincode-docker-devmode 目录,首先查看配置文件 docker-compose-simple.yaml,这是整个区块链网络的重点,对应的注释已经写在对应的标签上方,供读者理解配置文件的含义。

```
version: '2'
services:
  # 排序节点
  orderer:
    # 容器名
    container_name: orderer
    # 使用镜像名
    image: hyperledger/fabric-orderer
    # 环境变量配置
    environment:
      # 输出 debug 级别的日志,可以将其改成 info 减少网络交互输出
      - FABRIC_LOGGING_SPEC = DEBUG
      # fabric 排序节点的一些变量,例如创世区块是用文件方式提供,文件名为 orderer.block
      - ORDERER_GENERAL_LISTENADDRESS = orderer
      - ORDERER_GENERAL_GENESISMETHOD = file
      - ORDERER_GENERAL_GENESISFILE = orderer.block
      - ORDERER_GENERAL_LOCALMSPID = DEFAULT
      - ORDERER_GENERAL_LOCALMSPDIR = /etc/hyperledger/msp
      # GRPC 连接配置
      - GRPC_TRACE = all = true,
      - GRPC_VERBOSITY = debug
    # 进入容器时的默认工作目录
```

```
      working_dir: /opt/gopath/src/github.com/hyperledger/fabric
      # 容器启动时执行的命令
      command: orderer
      # 文件映射关系,将同级目录下的 msp 映射到容器中的/etc/hyperledger/msp
      volumes:
        - ./msp:/etc/hyperledger/msp
        - ./orderer.block:/etc/hyperledger/fabric/orderer.block
      # 端口映射关系,宿主机:docker 容器中
      ports:
        - 7050:7050
# peer 节点,开发者模式只有一个
peer:
      container_name: peer
      image: hyperledger/fabric-peer
      environment:
        - CORE_PEER_ID = peer
        - CORE_PEER_ADDRESS = peer:7051
        - CORE_PEER_GOSSIP_EXTERNALENDPOINT = peer:7051
        - CORE_PEER_LOCALMSPID = DEFAULT
        - CORE_VM_ENDPOINT = unix:///host/var/run/docker.sock
        - FABRIC_LOGGING_SPEC = DEBUG
        - CORE_PEER_MSPCONFIGPATH = /etc/hyperledger/msp
      volumes:
          - /var/run/:/host/var/run/
          - ./msp:/etc/hyperledger/msp
      working_dir: /opt/gopath/src/github.com/hyperledger/fabric/peer
      command: peer node start --peer-chaincodedev = true
      ports:
        - 7051:7051
        - 7053:7053
      # 依赖关系,需要依赖于排序节点
      depends_on:
        - orderer
# cli 是具体调用合约的容器
cli:
      container_name: cli
      image: hyperledger/fabric-tools
      tty: true
      environment:
        - GOPATH = /opt/gopath
```

```
      - CORE_VM_ENDPOINT = unix:///host/var/run/docker.sock
      - FABRIC_LOGGING_SPEC = DEBUG
      - CORE_PEER_ID = cli
      - CORE_PEER_ADDRESS = peer:7051
      - CORE_PEER_LOCALMSPID = DEFAULT
      - CORE_PEER_MSPCONFIGPATH = /etc/hyperledger/msp
```

\# 结合默认目录和下方的目录映射,可以看到默认进入的是 fabric-samples 下的 chaincode 目录

```
    working_dir: /opt/gopath/src/chaincodedev
    command: /bin/bash -c './script.sh'
    volumes:
       - /var/run/:/host/var/run/
       - ./msp:/etc/hyperledger/msp
       - ./../chaincode:/opt/gopath/src/chaincodedev/chaincode
       - ./:/opt/gopath/src/chaincodedev/
    depends_on:
      - orderer
      - peer
```

\# chaincode 是可以动态部署合约的容器

```
  chaincode:
    container_name: chaincode
    image: hyperledger/fabric-ccenv
    tty: true
    environment:
      - GOPATH = /opt/gopath
      - CORE_VM_ENDPOINT = unix:///host/var/run/docker.sock
      - FABRIC_LOGGING_SPEC = DEBUG
      - CORE_PEER_ID = example02
      - CORE_PEER_ADDRESS = peer:7051
      - CORE_PEER_LOCALMSPID = DEFAULT
      - CORE_PEER_MSPCONFIGPATH = /etc/hyperledger/msp
    working_dir: /opt/gopath/src/chaincode
    command: /bin/sh -c 'sleep 6000000 '
    volumes:
       - /var/run/:/host/var/run/
       - ./msp:/etc/hyperledger/msp
       - ./../chaincode:/opt/gopath/src/chaincode
    depends_on:
      - orderer
      - peer
```

如注释中所示,默认配置合约代码的路径是在 fabric-samples 下的 chaincode 文件夹,如果有需要,可以将 ./../chaincode 对应修改为自定义的路径(注意 cli 容器和 chanincode 容器都需要配置)。

本书同时提供另一个 docker-compose-couch.yml 文件(参见 5.3.6 节),供有需要在合约中使用 couchDB 而非原生 levelDB 的读者使用。couchDB 的功能更为强大,在此不再赘述,有兴趣的读者可以参考 Fabric 官方教程进行学习。

```
docker-compose -f docker-compose-simple.yaml up
```

这一组命令启动了 4 个容器系统,包括 order、peer、cli 和 chaincode。
开启另外一个命令行终端窗口,在其中执行以下指令,会提示进入容器环境。

```
docker exec -it chaincode sh
```

```
/opt/gopath/src/chaincode $
```

由于智能合约需要在适配容器的场景运行,因此,源代码的编译应该在容器对应的环境中运行。这里在 chaincode 容器中进行编译,-mod 参数让编译直接使用本地依赖包,避免出现无法下载的问题。

```
cd abstore/go
go build -o abstore -mod vendor
```

完成编译后,启动智能合约(这里是开发测试,正式环境中的操作步骤不同)。启动后窗口将无法输入,处于等待状态。

```
CORE_CHAINCODE_ID_NAME = mycc:0    CORE_PEER_TLS_ENABLED = false    ./abstore
-peer.address peer:7052
```

开启第三个命令行终端窗口,在其中执行下面的指令。

```
docker exec -it cli bash
```

这里使用了 cli 容器,也就是操作测试环境的命令行桥梁,已经做好一系列参数的配置,可以直接使用 peer 等指令。

在第三个命令行终端执行如下的步骤:

```
# 将合约安装到 peer
peer chaincode install -p chaincodedev/chaincode/abstore/go -n mycc -v 0
# 初始化合约,分别给名为 a 和 b 的两个用户赋值 100 和 200
peer chaincode instantiate -n mycc -v 0 -c '{"Args":["init","a","100","b","200"]}' -C myc
# 启动转账指令
peer chaincode invoke -n mycc -c '{"Args":["invoke","a","b","10"]}' -C myc
# 查询 a 的余额
peer chaincode query -n mycc -c '{"Args":["query","a"]}' -C myc
```

这里可以观察第二个命令行,也就是 chaincode 容器窗口,可以看到如下的输出内容:

```
ABstore Init
Aval = 100, Bval = 200
Aval = 90, Bval = 210
Query Response:{"Name":"a","Amount":"90"}
```

对比 abstore 的源码和执行过程,当执行 peer chaincode instantiate 时,调用了 init 函数,传入了 2 个用户名称 A 和 B,以及各自的余额。这里使用 PutState 方法将两个数值以 key 和 value 的形式存入世界状态中。

```
func (t *ABstore) Init(ctx contractapi.TransactionContextInterface, A string,
Aval int, B string, Bval int) error {
    fmt.Println("ABstore Init")
    var err error
    // Initialize the chaincode
    fmt.Printf("Aval = %d, Bval = %d\n", Aval, Bval)
    // Write the state to the ledger
    err = ctx.GetStub().PutState(A, []byte(strconv.Itoa(Aval)))
    if err != nil {
        return err
    }

    err = ctx.GetStub().PutState(B, []byte(strconv.Itoa(Bval)))
    if err != nil {
        return err
    }

    return nil
}
```

执行 peer chaincode Invode 时,调用了 Invoke 函数,其中的操作取回 A 和 B 的值,并执行了计算。

```
// Transaction makes payment of X units from A to B
func (t *ABstore) Invoke(ctx contractapi.TransactionContextInterface, A, B
string, X int) error {
    var err error
    var Aval int
    var Bval int
    // Get the state from the ledger
    // TODO: will be nice to have a GetAllState call to ledger
    Avalbytes, err := ctx.GetStub().GetState(A)
    if err != nil {
        return fmt.Errorf("Failed to get state")
```

```
    }
    if Avalbytes == nil {
        return fmt.Errorf("Entity not found")
    }
    Aval, _ = strconv.Atoi(string(Avalbytes))

    Bvalbytes, err := ctx.GetStub().GetState(B)
    if err != nil {
        return fmt.Errorf("Failed to get state")
    }
    if Bvalbytes == nil {
        return fmt.Errorf("Entity not found")
    }
    Bval, _ = strconv.Atoi(string(Bvalbytes))

    // Perform the execution
    Aval = Aval - X
    Bval = Bval + X
    fmt.Printf("Aval = %d, Bval = %d\n", Aval, Bval)

    // Write the state back to the ledger
    err = ctx.GetStub().PutState(A, []byte(strconv.Itoa(Aval)))
    if err != nil {
        return err
    }

    err = ctx.GetStub().PutState(B, []byte(strconv.Itoa(Bval)))
    if err != nil {
        return err
    }


    return nil
}
```

执行 peer chaincode query 时，调用了 Query 函数，取回状态值，封装成 json 形式返回。

```
// Query callback representing the query of a chaincode
func (t *ABstore) Query(ctx contractapi.TransactionContextInterface, A string) (string, error) {
    var err error
    // Get the state from the ledger
    Avalbytes, err := ctx.GetStub().GetState(A)
```

```
if err ! = nil {
    jsonResp : = "{\"Error\":\"Failed to get state for " + A + "\"}"
    return "", errors.New(jsonResp)
}

if Avalbytes == nil {
    jsonResp : = "{\"Error\":\"Nil amount for " + A + "\"}"
    return "", errors.New(jsonResp)
}

jsonResp : = "{\"Name\":\"" + A + "\",\"Amount\":\"" + string
(Avalbytes) + "\"}"
    fmt.Printf("Query Response: % s\n", jsonResp)
    return string(Avalbytes), nil
}
```

5.3.3　开发自己的合约

5.3.2 节演示了源代码提供的合约的执行过程,以下分步骤演示创建一个合约的过程。

进入 chaincode 目录,创建新目录 lesson1。首先需要初始化 Go 的模块配置,获取依赖。完成执行后,目录中会存在 go.mod 文件和 go.sum 文件。

```
mkdir lesson1
cd lesson1
go mod init github.com/hyperledger/fabric-samples/chaincode/lesson1
go get -u github.com/hyperledger/fabric-contract-api-go
```

创建一个文件 lesson1.go。这里使用默认的 main,导入 errors 和 fmt 包,并且引入 Fabric 的 go API。

```
package main

import (
    "errors"
    "fmt"

    "github.com/hyperledger/fabric-contract-api-go/contractapi"
)
```

所有的智能合约链码必须实现 contractapi.ContractInterface 接口。可以用嵌入 contractapi.Contract 结构的简单方式,来达到这个目的。

```
// LessonContract contract is my first contract
type LessonContract struct {
    contractapi.Contract
```

```
}
```

加入 main 方法。

```
func main() {
    lessonContract := new(LessonContract)

    cc, err := contractapi.NewChaincode(lessonContract)

    if err != nil {
        panic(err.Error())
    }

    if err := cc.Start(); err != nil {
        panic(err.Error())
    }
}
```

完成输入后在 lesson1 的目录下输入"go mod vender",这样可以将依赖包都复制到目录内,而无需重复下载。可以先在本机环境 build 测试,如果正常,删除 lesson 文件继续。

```
go mod vendor
go build -o lesson1 -mod vendor
```

在前面开启的第二个窗口(chaincode 容器)中,如果智能合约正在执行,按【Ctrl+C】停止。

```
cd /opt/gopath/src/chaincode/lesson1
go build -o lesson1 -mod vendor
```

编译无错误时,启动合约。

```
CORE_CHAINCODE_ID_NAME=mylesson:0   CORE_PEER_TLS_ENABLED=false   ./lesson -peer.address peer:7052
```

在 cli 窗口中,

```
docker exec -it cli bash
#将合约安装到 peer
peer chaincode install -p chaincodedev/chaincode/lesson1 -n mylesson -v 0
#初始化合约
peer chaincode instantiate -n mylesson-v 0 -c '{"Args":[]}' -C myc
```

这样就完成了课程合约的安装,可以通过以下指令检查结果:

```
peer chaincode list --instantiated -C myc
```

```
Get instantiated chaincodes on channel myc:
Name: mylesson, Version: 0, Path: chaincodedev/chaincode/lesson1, Escc: escc,
Vscc: vscc
```

只是现在的合约并没有任何具体的功能。

5.3.4　世界状态存取

在智能合约的开发中,对中间状态的数据存取是非常重要的。这些中间状态的最新值是以键值对方式保存在数据库中的。在 Fabric 系统,它们被称为世界状态,和链上数据一同组织形成账本,可以认为世界状态是由区块链上数据完整执行获得的最终结果。

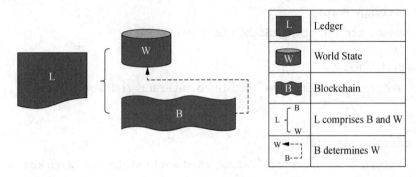

A Ledger L comprises blockchain B and world state W, where blockchain B determines world state W. We can also say that world state W is derived from blockchain B.

图 5-3　世界状态

在上面的基础上,演示给 lesson1 合约增加世界状态的读取写入能力。首先,创建世界状态。

```
// Create adds a new key with value to the world state
func (lc * LessonContract) Create(ctx contractapi.TransactionContextInterface,
key string, value string) error {
    existing, err := ctx.GetStub().GetState(key)

    if err != nil {
        return errors.New("Unable to interact with world state")
    }

    if existing != nil {
        return fmt.Errorf("Cannot create world state pair with key % s. Already
exists", key)
    }

    err = ctx.GetStub().PutState(key, []byte(value))

    if err != nil {
        return errors.New("Unable to interact with world state")
    }

    return nil
}
```

　　这是一个传入交易上下文的示例。注意在合约中使用交易上下文时,必须放在第一个参数中。

　　随后,增加读取世界状态。注意智能合约中两个返回值的情况,第二个必须是 error 类型。

```
// Read returns the value at key in the world state
func (lc * LessonContract) Read(ctx contractapi.TransactionContextInterface,
key string) (string, error) {
    existing, err := ctx.GetStub().GetState(key)

    if err != nil {
        return "", errors.New("Unable to interact with world state")
    }

    if existing == nil {
        return "", fmt.Errorf("Cannot read world state pair with key %s. Does not
exist", key)
    }

    return string(existing), nil
}
```

　　最后,增加更新和删除世界状态。

```
// Update changes the value with key in the world state
func (lc * LessonContract) Update(ctx contractapi.TransactionContextInterface,
key string, value string) error {
    existing, err := ctx.GetStub().GetState(key)

    if err != nil {
        return errors.New("Unable to interact with world state")
    }

    if existing == nil {
        return fmt.Errorf("Cannot update world state pair with key %s. Does not
exist", key)
    }

    err = ctx.GetStub().PutState(key, []byte(value))

    if err != nil {
        return errors.New("Unable to interact with world state")
    }

    return nil
```

```
}

// Delete the key in the world state
func (lc * LessonContract) Delete(ctx contractapi.TransactionContextInterface,
key string) error {
    existing, err : = ctx.GetStub().GetState(key)

    if err ! = nil {
        return errors.New("Unable to interact with world state")
    }

    if existing == nil {
        return fmt.Errorf("Cannot delete world state pair with key % s. Does not
exist", key)
    }

    err : = ctx.GetStub.DelState(key)

    if err ! = nil {
        return errors.New("Unable to delete world state")
    }

    return nil
}
```

在 cli 窗口中完成升级工作。

```
docker exec -it cli bash
#将升级合约安装到 peer
peer chaincode install -p chaincodedev/chaincode/lesson1 -n mylesson -v 1
#升级合约
peer chaincode upgrade -n mylesson -v 1 -c '{"Args":[]}' -C myc
```

这样就完成了课程合约的升级，可以通过以下指令检查合约的状态：

```
#初始化的
peer chaincode list --instantiated -C myc
```

```
Get instantiated chaincodes on channel myc：
Name：mylesson, Version：1, Path：chaincodedev/chaincode/lesson1, Escc：escc,
Vscc：vscc
```

```
#可以观察到两个版本的合约
peer chaincode list --installed -C myc
Get installed chaincodes on peer：
```

Name：mylesson，Version：0，Path：chaincodedev/chaincode/lesson1，Id：441bf3932e
00890fa91fc46cec452101c6ce3f9871948e59257576f6c2b1ab86

Name：mylesson，Version：1，Path：chaincodedev/chaincode/lesson1，Id：55a397c9ca
16ff2b0ee13e8eee00e8ac42258264516c3444cddaa478d87d21e8

随后，执行加入世界状态操作的功能，可以在命令行中观察智能合约的反馈。

```
＃查询不存在的值
peer chaincode query -n mylesson -c '{"Args":["Read", "STUDENT_1"]}' -C myc
```

```
＃新增
peer chaincode invoke -n mylesson -c '{"Args":["Create", "STUDENT_1", "60"]}' -
C myc
```

```
＃查询
peer chaincode query -n mylesson -c '{"Args":["Read", "STUDENT_1"]}' -C myc
```

```
＃更新
peer chaincode invoke -n mylesson -c '{"Args":["Update", "STUDENT_1", "80"]}' -
C myc
```

```
＃查询
peer chaincode query -n mylesson -c '{"Args":["Read", "STUDENT_1"]}' -C myc
```

```
＃删除
peer chaincode invoke -n mylesson -c '{"Args":["Delete", "STUDENT_1"]}' -C myc
```

```
＃查询已被删除的值
peer chaincode query -n mylesson -c '{"Args":["Read", "STUDENT_1"]}' -C myc
```

5.3.5 清理

在完成所有工作后，在 chaincode-docker-devmode 目录下执行清理环境的指令，请注意使用—volume 指令避免数据被持久保存。

```
docker-compose -f docker-compose-simple.yaml down —volume
```

```
Stopping chaincode          ... done
Stopping cli                ... done
Stopping peer               ... done
Stopping orderer            ... done
Removing chaincode          ... done
Removing cli                ... done
Removing peer               ... done
Removing orderer            ... done
```

Removing network chaincode-docker-devmode_default

5.3.6　基于 CouchDB 的配置文件

version：'2'

services：
  orderer：
    container_name：orderer
    image：hyperledger/fabric-orderer
    environment：
      - FABRIC_LOGGING_SPEC = debug
      - ORDERER_GENERAL_LISTENADDRESS = orderer
      - ORDERER_GENERAL_GENESISMETHOD = file
      - ORDERER_GENERAL_GENESISFILE = orderer.block
      - ORDERER_GENERAL_LOCALMSPID = DEFAULT
      - ORDERER_GENERAL_LOCALMSPDIR = /etc/hyperledger/msp
      - GRPC_TRACE = all = true,
      - GRPC_VERBOSITY = debug
    working_dir：/opt/gopath/src/github.com/hyperledger/fabric
    command：orderer
    volumes：
      - ./msp：/etc/hyperledger/msp
      - ./orderer.block：/etc/hyperledger/fabric/orderer.block
    ports：
      - 7050：7050
  peer：
    container_name：peer
    image：hyperledger/fabric-peer
    environment：
      - CORE_PEER_ID = peer
      - CORE_PEER_ADDRESS = peer：7051
      - CORE_PEER_GOSSIP_EXTERNALENDPOINT = peer：7051
      - CORE_PEER_LOCALMSPID = DEFAULT
      - CORE_VM_ENDPOINT = unix：///host/var/run/docker.sock
      - FABRIC_LOGGING_SPEC = DEBUG
      - CORE_PEER_MSPCONFIGPATH = /etc/hyperledger/msp
      - CORE_LEDGER_STATE_STATEDATABASE = CouchDB
      - CORE_LEDGER_STATE_COUCHDBCONFIG_COUCHDBADDRESS = couchdb：5984
      - CORE_LEDGER_STATE_COUCHDBCONFIG_USERNAME =
      - CORE_LEDGER_STATE_COUCHDBCONFIG_PASSWORD =

```
    volumes:
        - /var/run/:/host/var/run/
        - ./msp:/etc/hyperledger/msp
    working_dir: /opt/gopath/src/github.com/hyperledger/fabric/peer
    command: peer node start --peer-chaincodedev = true
    ports:
        - 7051:7051
        - 7053:7053
    depends_on:
        - orderer
        - couchdb

cli:
    container_name: cli
    image: hyperledger/fabric-tools
    tty: true
    environment:
        - GOPATH = /opt/gopath
        - CORE_VM_ENDPOINT = unix:///host/var/run/docker.sock
        - FABRIC_LOGGING_SPEC = DEBUG
        - CORE_PEER_ID = cli
        - CORE_PEER_ADDRESS = peer:7051
        - CORE_PEER_LOCALMSPID = DEFAULT
        - CORE_PEER_MSPCONFIGPATH = /etc/hyperledger/msp
    working_dir: /opt/gopath/src/chaincodedev
    command: /bin/bash -c './script.sh'
    volumes:
        - /var/run/:/host/var/run/
        - ./msp:/etc/hyperledger/msp
        - ./../chaincode:/opt/gopath/src/chaincodedev/chaincode
        - ./:/opt/gopath/src/chaincodedev/
    depends_on:
        - orderer
        - peer

chaincode:
    container_name: chaincode
    image: hyperledger/fabric-ccenv
    tty: true
    environment:
        - GOPATH = /opt/gopath
```

```
        - CORE_VM_ENDPOINT = unix:///host/var/run/docker.sock
        - FABRIC_LOGGING_SPEC = DEBUG
        - CORE_PEER_ID = example02
        - CORE_PEER_ADDRESS = peer:7051
        - CORE_PEER_LOCALMSPID = DEFAULT
        - CORE_PEER_MSPCONFIGPATH = /etc/hyperledger/msp
    working_dir: /opt/gopath/src/chaincode
    command: /bin/sh -c 'sleep 6000000 '
    volumes:
        - /var/run/:/host/var/run/
        - ./msp:/etc/hyperledger/msp
        - ./../chaincode:/opt/gopath/src/chaincode
    depends_on:
        - orderer
        - peer


  couchdb:
    container_name: couchdb
    image: hyperledger/fabric-couchdb
        # Populate the COUCHDB_USER and COUCHDB_PASSWORD to set an admin user
and password
        # for CouchDB.  This will prevent CouchDB from operating in an "Admin
Party" mode.
    environment:
        - COUCHDB_USER =
        - COUCHDB_PASSWORD =
            # Comment/Uncomment the port mapping if you want to hide/expose the
CouchDB service,
            # for example map it to utilize Fauxton User Interface in dev
environments.
    ports:
      - "5984:5984"
```

§5.4　分步骤配置 Fabric 环境

使用 Fabric 源代码直接提供的脚本来创建智能合约虽然直观,但背后的操作过程并不清晰。为了增强理解,本节将介绍直接使用命令行脚本完成脚本配置的依赖材料和操作步骤。

在 fabric-samples 目录中准备好 binary 和 config 文件是必要的前置工作。

可以看到在 binary 目录中,包括:

```
├── configtxgen
├── configtxlator
├── cryptogen
├── discover
├── fabric-ca-client
├── fabric-ca-server
├── idemixgen
├── orderer
└── peer
```

在 config 目录中,包括:

```
├── configtx.yaml
├── core.yaml
└── orderer.yaml
```

在命令行的 bin 位置输入 peer version 来检查版本。

```
peer:
 Version: 2.1.0
 Commit SHA: 1bdf97537
 Go version: go1.14.1
 OS/Arch: darwin/amd64
 Chaincode:
  Base Docker Label: org.hyperledger.fabric
  Docker Namespace: hyperledger
```

首先,在 fabric-sample 下进入 test-network 目录。此处以源文件为例,目标是尝试创建一个名为"university.cn"的联盟,具备 1 个排序节点和 org1、org2、org3 3 个组织,每个组织有 2 个节点、2~3 位用户,具备数据通道 channel1 和 securitychannel(课后作业)的测试环境(图 5-4)。

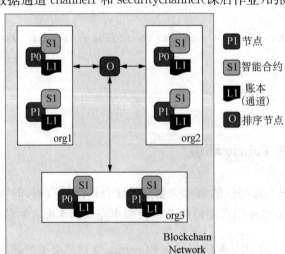

图 5-4　分步骤配置 Fabric 环境

5.4.1　密钥材料(cryptogen 操作)

首先,创建测试环境所需的密钥材料。这里需要熟悉 cryptogen 命令,从名字就可以看出来,cryptogen 用来帮助生成一系列测试所需的密钥材料。在真实运行的生产环境中,应该使用企业所提供的更加完备的密钥材料。可以通过执行../bin/cryptogen showtemplate 查看默认模板(在 5.3 节 test-network/organizations/cryptogen 目录中,有 5.3 节演示的项目配置),此处列出关键内容,更多备注请查看文件。

```
OrdererOrgs:
  - Name: Orderer
    Domain: example.com
    EnableNodeOUs: false
    Specs:
      - Hostname: orderer
PeerOrgs:
  - Name: Org1
    Domain: org1.example.com
    EnableNodeOUs: false
    Template:
      Count: 1
    Users:
      Count: 1
  - Name: Org2
    Domain: org2.example.com
    EnableNodeOUs: false
    Template:
      Count: 1
    Users:
      Count: 1
```

可以使用默认模板尝试生成。在 test-network 文件夹下执行../bin/cryptogen generate,可以看到生成了一系列文件。

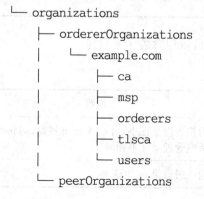

```
└── organizations
    ├── ordererOrganizations
    │   └── example.com
    │       ├── ca
    │       ├── msp
    │       ├── orderers
    │       ├── tlsca
    │       └── users
    └── peerOrganizations
```

```
├── org1.example.com
│      ├── ca
│      ├── msp
│      ├── peers
│      ├── tlsca
│      └── users
└── org2.example.com
       ├── ca
       ├── msp
       ├── peers
       ├── tlsca
       └── users
```

其中,每个子目录又包含 ca、msp、peers/orderers、tlsca、users 目录,文件名和模板文件中的组织域名有关,此处为 example.com。

一级目录内容如表 5-1 所示。

表 5-1　一级目录

目录	包含文件	说明
ca	ca.example.com-cert.pem priv_sk	包含 ca 根证书和对应的私钥
tlsca	tlsca.example.com-cert.pem priv_sk	包含 tlsca 根证书和对应的私钥,不同于 ca 根证书
peers	可包含多个子目录,peer*.org1.example.com	peerOrganization 的组织子目录出现,与配置文件中 peer 的 Count 相关
orderers	含 orderer.example.com	ordererOrganizations 的组织子目录出现
msp	admincerts/Admin@example.com-cert.pem cacerts/ca.example.com-cert.pem tlscacerts/tlsca.example.com-cert.pem	分别和用户 Admin 目录中管理员证书、ca 目录中主证书、tlsca 目录中主证书相同
users	Admin@org1.example.com User1@org1.example.com User2@org1.example.com	包括 Admin 和 User,User*目录数量和配置文件中用户的数量相同

节点目录内容如表 5-2 所示,peers 或者 orderers 目录包含若干子目录。

表 5-2　节点目录

目录	包含文件	说明
msp/admincerts	Admin@example.com-cert.pem	用户管理员证书,由 ca 主证书签发,同 user 目录中管理员证书相同
msp/cacerts	ca.example.com-cert.pem	同一级目录 ca 主证书

（续表）

目录	包含文件	说明
msp/keystore	priv_sk	用户证书私钥
msp/signcerts	orderer.example.com-cert.pem	节点前面证书，由 ca 主证书签发
msp/tlscacerts	tlsca.example.com-cert.pem	同一级目录 tlsca 主证书
tls	ca.crt server.crt server.key	同一级目录 tlsca 主证书 server.crt 由 tlsca 主证书签发，server.key 为对应私钥

用户目录内容如表 5-3 所示，用户目录包含若干子目录。

表 5-3　用户目录

目录	包含文件	说明
msp/admincerts	Admin@example.com-cert.pem	管理员证书，由 ca 主证书签发
msp/cacerts	ca.example.com-cert.pem	同一级目录 ca 主证书
msp/keystore	priv_sk	用户证书私钥
msp/signcerts	用户名@example.com-cert.pem	用户证书，与 admincerts 相同
msp/tlscacerts	tlsca.example.com-cert.pem	同一级目录 tlsca 主证书
tls	ca.crt server.crt server.key	同一级目录 tlsca 主证书 server.crt 由 tlsca 主证书签发 server.key 为对应私钥

由于和本节设定的目标有所差异，对模板文件做一些修改。

../bin/cryptogen showtemplate > template.yaml

依照设定的结构，修改模板文件变成如下内容：

```
# ---------------------------------------------------------------------
# "OrdererOrgs" - Definition of organizations managing orderer nodes
# ---------------------------------------------------------------------
OrdererOrgs:
  # ---------------------------------------------------------------------
  # Orderer
  # ---------------------------------------------------------------------
  - Name: Orderer
    Domain: university.cn
    EnableNodeOUs: true
    Specs:
      - Hostname: orderer
```

```
        SANS:
          - "localhost"
          - "127.0.0.1"

# --------------------------------------------------------------
# "PeerOrgs" - Definition of organizations managing peer nodes
# --------------------------------------------------------------
PeerOrgs:
  # ------------------------------------------------------------
  # Org1
  # ------------------------------------------------------------
  - Name: Org1
    Domain: org1.university.cn
    EnableNodeOUs: true
    Template:
      Count: 2
      SANS:
        - "localhost"
        - "127.0.0.1"
    Users:
      Count: 2
  # ------------------------------------------------------------
  # Org2
  # ------------------------------------------------------------
  - Name: Org2
    Domain: org2.university.cn
    EnableNodeOUs: true
    Template:
      Count: 2
      SANS:
        - "localhost"
        - "127.0.0.1"
    Users:
      Count: 3
  # ------------------------------------------------------------
  # Org3
  # ------------------------------------------------------------
  - Name: Org3
    Domain: org3.university.cn
    EnableNodeOUs: true
```

```
Template：
    Count：2
    SANS：
        - "localhost"
        - "127.0.0.1"
Users：
    Count：3
```

请注意这里的 SANS 部分是在本机测试时必要的内容。

随后生成密钥材料如下：

../bin/cryptogen generate --config = "./template.yaml"--output = "organizations"

此时，可以看到更新的文件结构已经按照设计的结构形成了各级密钥，此处仅列出部分。参考这样的结构，可以使用自己通过密钥工具（如 openssl）或者购买的证书内容。

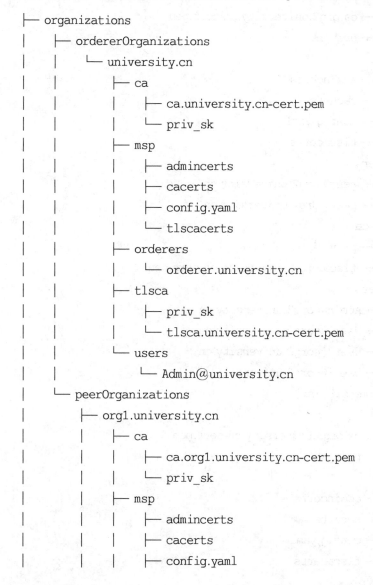

```
├── organizations
│   ├── ordererOrganizations
│   │   └── university.cn
│   │       ├── ca
│   │       │   ├── ca.university.cn-cert.pem
│   │       │   └── priv_sk
│   │       ├── msp
│   │       │   ├── admincerts
│   │       │   ├── cacerts
│   │       │   ├── config.yaml
│   │       │   └── tlscacerts
│   │       ├── orderers
│   │       │   └── orderer.university.cn
│   │       ├── tlsca
│   │       │   ├── priv_sk
│   │       │   └── tlsca.university.cn-cert.pem
│   │       └── users
│   │           └── Admin@university.cn
│   └── peerOrganizations
│       ├── org1.university.cn
│       │   ├── ca
│       │   │   ├── ca.org1.university.cn-cert.pem
│       │   │   └── priv_sk
│       │   ├── msp
│       │   │   ├── admincerts
│       │   │   ├── cacerts
│       │   │   ├── config.yaml
```

```
|           |           |           └── tlscacerts
|           |           ├── peers
|           |           |           ├── peer0.org1.university.cn
|           |           |           └── peer1.org1.university.cn
|           |           ├── tlsca
|           |           |           ├── priv_sk
|           |           |           └── tlsca.org1.university.cn-cert.pem
|           |           └── users
|           |                       ├── Admin@org1.university.cn
|           |                       ├── User1@org1.university.cn
|           |                       └── User2@org1.university.cn
|           ├── org2.university.cn
|           |           ├── ca
|           |           |           ├── ca.org2.university.cn-cert.pem
|           |           |           └── priv_sk
|           |           ├── msp
|           |           |           ├── admincerts
|           |           |           ├── cacerts
|           |           |           ├── config.yaml
|           |           |           └── tlscacerts
|           |           ├── peers
|           |           |           ├── peer0.org2.university.cn
|           |           |           └── peer1.org2.university.cn
|           |           ├── tlsca
|           |           |           ├── priv_sk
|           |           |           └── tlsca.org2.university.cn-cert.pem
|           |           └── users
|           |                       ├── Admin@org2.university.cn
|           |                       ├── User1@org2.university.cn
|           |                       ├── User2@org2.university.cn
|           |                       └── User3@org2.university.cn
|           └── org3.university.cn
|                       ├── ca
|                       |           ├── ca.org3.university.cn-cert.pem
|                       |           └── priv_sk
|                       ├── msp
|                       |           ├── admincerts
|                       |           ├── cacerts
|                       |           ├── config.yaml
|                       |           └── tlscacerts
```

```
|                  ├── peers
|                  |      ├── peer0.org3.university.cn
|                  |      └── peer1.org3.university.cn
|                  ├── tlsca
|                  |      ├── priv_sk
|                  |      └── tlsca.org3.university.cn-cert.pem
|                  └── users
|                         ├── Admin@org3.university.cn
|                         ├── User1@org3.university.cn
|                         ├── User2@org3.university.cn
|                         └── User3@org3.university.cn
└── template.yaml
```

由于在配置文件中开启了 EnableNodeOUs 选项,根目录 msp 中出现了 config.yaml 配置文件,这里提供了组织架构的描述能力,此处简单了解即可。

```
NodeOUs:
  Enable: true
  ClientOUIdentifier:
    Certificate: cacerts/ca.university.cn-cert.pem
    OrganizationalUnitIdentifier: client
  PeerOUIdentifier:
    Certificate: cacerts/ca.university.cn-cert.pem
    OrganizationalUnitIdentifier: peer
  AdminOUIdentifier:
    Certificate: cacerts/ca.university.cn-cert.pem
    OrganizationalUnitIdentifier: admin
  OrdererOUIdentifier:
    Certificate: cacerts/ca.university.cn-cert.pem
OrganizationalUnitIdentifier: orderer
```

5.4.2　创世区块(configtxgen 操作)

准备好密钥材料后,开始准备 channel 相关的基础配置,由于不同的 channel 在 Fabric 区块链架构中就是不同的链,而准备一条链的第一件事就是准备创世区块。这里从熟悉 configtxgen 开始,configtxgen 主要用于 channel 相关的配置工作,除了生成创世区块,还可以生成创建 channel 的交易,生成通道锚节点(anchor peer)的更新交易。

configtxgen 依赖配置文件 configtx.yaml,需要准备好配置文件,放置在 configx 目录中,内容需要对默认的 configtx.yaml 进行修改,包括密钥文件位置、3 个 Org 的组织结构等,参见 5.4.6 节 configtx.yaml。

```
../bin/configtxgen -configPath ./configtx -profile ThreeOrgsOrdererGenesis -channelID system-channel -outputBlock ./system-genesis-block/genesis.block
```

正常运行可以看到如下结果：

[common.tools.configtxgen] doOutputBlock -> INFO 006 Generating genesis block

[common.tools.configtxgen] doOutputBlock -> INFO 007 Writing genesis block

可以用如下命令查看创世区块内容：

../bin/configtxgen -inspectBlock ./system-genesis-block/genesis.block

需要注意的是，为了体现 3 个组织的结构，在 configtx.yaml 中创建了一个名为"ThreeOrgsOrdererGenesis"的配置，配置指定了一个名为"ThreeConsortium"的联盟，包含了3 个组织的信息。

```
ThreeOrgsOrdererGenesis:
    <<: *ChannelDefaults
    Orderer:
        <<: *OrdererDefaults
        Organizations:
            - *OrdererOrg
        Capabilities:
            <<: *OrdererCapabilities
    Consortiums:
        ThreeConsortium:
            Organizations:
                - *Org1
                - *Org2
                - *Org3
ThreeOrgsChannel:
    Consortium: ThreeConsortium
    <<: *ChannelDefaults
    Application:
        <<: *ApplicationDefaults
        Organizations:
            - *Org1
            - *Org2
            - *Org3
        Capabilities:
            <<: *ApplicationCapabilities
```

5.4.3　容器操作

在完成密钥材料、创世区块之后，使用容器启动整个网络。

根据附录文件编写 docker-compose.yaml，用如下命令启动环境：

docker-compose -f docker/docker-compose.yaml up -d

正常的输出如下所示：

WARNING：The COMPOSE_PROJECT_NAME variable is not set. Defaulting to a blank string.
Creating network "net_test" with the default driver
Creating volume "net_orderer.university.cn" with default driver
Creating volume "net_peer0.org1.university.cn" with default driver
Creating volume "net_peer0.org2.university.cn" with default driver
Creating volume "net_peer0.org3.university.cn" with default driver
Creating peer0.org1.university.cn ... done
Creating orderer.university.cn   ... done
Creating peer0.org2.university.cn ... done
Creating peer0.org3.university.cn ... done

使用 docker ps -a 可以看到正常启动的一个 order 实例和 3 个 peer 实例，也可以看到监听的端口。

如果在后继步骤中出现错误，建议使用下列命令删除所有容器、重新执行步骤，否则可能会由于区块链的持久特性而导致无法正常进行。

docker-compose -f docker/docker-compose.yamldown--volumes --remove-orphans

5.4.4　创建 channel

创建 channel 需要准备通道配置文件、锚节点文件，通过配置文件创建，将组织加入通道并设定。

一、准备 channel 配置文件
首先，从创建一个名为"channel1"的通道开始。

mkdir channel-artifacts

../bin/configtxgen -configPath ./configtx -profile ThreeOrgsChannel-outputCreateChannelTx ./channel-artifacts/channel1.tx -channelID channel1

正常运行可以看到如下结果，并在目录 channel-artifacts 中生成文件 channel1.tx。

［common.tools.configtxgen］doOutputChannelCreateTx → INFO 003 Generating new channel configtx
［common.tools.configtxgen］doOutputChannelCreateTx → INFO 004 Writing new channel tx

可以使用如下命令查看 Channel1.tx 的信息：

../bin/configtxgen-inspectChannelCreateTx./channel-artifacts/channel1.tx

二、生成 anchor peer 配置文件
"anchor peer"可以直译为"锚节点"，可以理解为联系节点。当一个组织内部存在大量节

点时,通道信息会从 anchor 节点传递,避免了大量的节点查询工作。一个组织可以有多个锚节点存在,这里仅演示每个组织生成一个锚节点。

分别针对 3 个高校生成 anchor peer 更新信息。

```
../bin/configtxgen -configPath ./configtx -profile ThreeOrgsChannel -channelID channel1 -outputAnchorPeersUpdate = ./channel-artifacts/Org1MSPanchors. tx -asOrg = Org1MSP
```

```
../bin/configtxgen -configPath ./configtx -profile ThreeOrgsChannel -channelID channel1 -outputAnchorPeersUpdate = ./channel-artifacts/Org2MSPanchors. tx -asOrg = Org2MSP
```

```
../bin/configtxgen -configPath ./configtx -profile ThreeOrgsChannel -channelID channel1 -outputAnchorPeersUpdate = ./channel-artifacts/Org3MSPanchors. tx -asOrg = Org3MSP
```

正常运行可以看到如下结果,并在目录 channel-artifacts 中生成文件 Org1/2/3MSPanchors.tx。

```
[common. tools. configtxgen] doOutputAnchorPeersUpdate -> INFO 003 Generating anchor peer update
[common.tools.configtxgen] doOutputAnchorPeersUpdate -> INFO 004 Writing anchor peer update
```

同样,可以使用如下命令查看 *.tx 的信息。

```
../bin/configtxgen-inspectChannelCreateTx./channel-artifacts/Org1MSPanchors.tx
```

三、创建 channel

准备好以上文件后,先使用 Org1 来启动创建通道的工作,由于使用了不同的节点身份进行操作,因此,需要在执行代码前进行一系列参数配置工作,指定文件名、身份、地址等。

```
#需要默认配置文件
export FABRIC_CFG_PATH = "../config"
#使用 Org1 身份
export CORE_PEER_LOCALMSPID = "Org1MSP"
#指定 ORDER CA 证书
export ORDERER_ CA = ${PWD}/organizations/ordererOrganizations/university. cn/orderers/orderer.university.cn/msp/tlscacerts/tlsca.university.cn-cert.pem
#指定节点 CA 证书
export CORE_PEER_TLS_ROOTCERT_FILE = ${PWD}/organizations/peerOrganizations/org1.university.cn/peers/peer0.org1.university.cn/tls/ca.crt
#指定节点管理员身份
export CORE_PEER_MSPCONFIGPATH = ${PWD}/organizations/peerOrganizations/org1.university.cn/users/Admin@org1.university.cn/msp
```

＃指定节点地址

export CORE_PEER_ADDRESS = localhost：7051

＃执行创建 channel

../bin/peer channel create -o localhost：7050 -c channel1 --ordererTLSHostname
Override orderer. university. cn-f./channel-artifacts/channel1. tx --outputBlock ./channel-
artifacts/channel1. block --tls true --cafile $ ORDERER_CA

正常运行可以看到如下结果，并在目录 channel-artifacts 中生成文件 channel1.block。

［channelCmd］ InitCmdFactory -> INFO 00b Endorser and orderer connections
initialized

［cli.common］ readBlock -> INFO 00c Received block：0

四、加入 channel

随后分别把 3 个组织加入 channel1 中。

export CORE_PEER_TLS_ENABLED = true

export FABRIC_CFG_PATH = "../config"

＃使用 org1 身份

export CORE_PEER_LOCALMSPID = "Org1MSP"

export ORDERER_CA = ${PWD}/organizations/ordererOrganizations/university. cn/
orderers/orderer.university.cn/msp/tlscacerts/tlsca.university.cn-cert.pem

export CORE_PEER_TLS_ROOTCERT_FILE = ${PWD}/organizations/peerOrganizations/
org1.university.cn/peers/peer0.org1.university.cn/tls/ca.crt

export CORE_PEER_MSPCONFIGPATH = ${PWD}/organizations/peerOrganizations/org1.
university.cn/users/Admin@org1.university.cn/msp

export CORE_PEER_ADDRESS = localhost：7051

../bin/peer channel join -b ./channel-artifacts/channel1.block

＃使用 org2 身份

export CORE_PEER_LOCALMSPID = "Org2MSP"

export ORDERER_CA = ${PWD}/organizations/ordererOrganizations/university. cn/
orderers/orderer.university.cn/msp/tlscacerts/tlsca.university.cn-cert.pem

export CORE_PEER_TLS_ROOTCERT_FILE = ${PWD}/organizations/peerOrganizations/
org2.university.cn/peers/peer0.org2.university.cn/tls/ca.crt

export CORE_PEER_MSPCONFIGPATH = ${PWD}/organizations/peerOrganizations/org2.
university.cn/users/Admin@org2.university.cn/msp

export CORE_PEER_ADDRESS = localhost：9051

../bin/peer channel join -b ./channel-artifacts/channel1.block

＃使用 org3 身份加入 channel1

export CORE_PEER_LOCALMSPID = "Org3MSP"

export ORDERER_CA = ${PWD}/organizations/ordererOrganizations/university. cn/

orderers/orderer.university.cn/msp/tlscacerts/tlsca.university.cn-cert.pem

export CORE_PEER_TLS_ROOTCERT_FILE = ${PWD}/organizations/peerOrganizations/org3.university.cn/peers/peer0.org3.university.cn/tls/ca.crt

export CORE_PEER_MSPCONFIGPATH = ${PWD}/organizations/peerOrganizations/org3.university.cn/users/Admin@org3.university.cn/msp

export CORE_PEER_ADDRESS = localhost:11051

../bin/peer channel join -b ./channel-artifacts/channel1.block

正常运行可以看到如下结果：

［channelCmd］ InitCmdFactory -> INFO 001 Endorser and orderer connections initialized

［channelCmd］ executeJoin -> INFO 002 Successfully submitted proposal to join channel

为了避免大量重复执行脚本导致的误操作，可以将重复的参数配置内容总结为 3 个脚本，在后继操作中调用相关脚本进行相关配置，使用方法为 source ./userOrg1.sh。

脚本 1：useOrg1.sh

```
#! /bin/bash
#使用 org1 身份
export CORE_PEER_LOCALMSPID = "Org1MSP"
export CORE_PEER_TLS_ROOTCERT_FILE = ${PWD}/organizations/peerOrganizations/org1.university.cn/peers/peer0.org1.university.cn/tls/ca.crt
export CORE_PEER_MSPCONFIGPATH = ${PWD}/organizations/peerOrganizations/org1.university.cn/users/Admin@org1.university.cn/msp
export CORE_PEER_ADDRESS = localhost:7051
```

脚本 2：useOrg2.sh

```
#! /bin/bash
#使用 org2 身份
export CORE_PEER_LOCALMSPID = "Org2MSP"
export CORE_PEER_TLS_ROOTCERT_FILE = ${PWD}/organizations/peerOrganizations/org2.university.cn/peers/peer0.org2.university.cn/tls/ca.crt
export CORE_PEER_MSPCONFIGPATH = ${PWD}/organizations/peerOrganizations/org2.university.cn/users/Admin@org2.university.cn/msp
export CORE_PEER_ADDRESS = localhost:9051
```

脚本 3：useOrg3.sh

```
#! /bin/bash
#使用 org3 身份
export CORE_PEER_LOCALMSPID = "Org3MSP"
export CORE_PEER_TLS_ROOTCERT_FILE = ${PWD}/organizations/peerOrganizations/
```

org3.university.cn/peers/peer0.org3.university.cn/tls/ca.crt

　　export CORE_PEER_MSPCONFIGPATH = ${PWD}/organizations/peerOrganizations/org3.university.cn/users/Admin@org3.university.cn/msp

　　export CORE_PEER_ADDRESS = localhost:11051

五、更新 anchor peer 信息

需要把 3 个组织的 anchor peer 更新。

export ORDERER_CA = ${PWD}/organizations/ordererOrganizations/university.cn/orderers/orderer.university.cn/msp/tlscacerts/tlsca.university.cn-cert.pem

　　export FABRIC_CFG_PATH = "../config"

　　#使用 org1 身份,使用了配置脚本

　　source ./useOrg1.sh

　　sleep 3

../bin/peer channel update -o localhost:7050 --ordererTLSHostnameOverride orderer.university.cn -c channel1 -f ./channel-artifacts/Org1MSPanchors.tx --tls true --cafile
$ ORDERER_CA

　　export ORDERER_CA = ${PWD}/organizations/ordererOrganizations/university.cn/orderers/orderer.university.cn/msp/tlscacerts/tlsca.university.cn-cert.pem

　　export FABRIC_CFG_PATH = "../config"

　　#使用 org2 身份,使用了配置脚本

　　source ./useOrg2.sh

　　sleep 3

../bin/peer channel update -o localhost:7050 --ordererTLSHostnameOverride orderer.university.cn -c channel1 -f ./channel-artifacts/Org2MSPanchors.tx --tls true --cafile
$ORDERER_CA

　　export ORDERER_CA = ${PWD}/organizations/ordererOrganizations/university.cn/orderers/orderer.university.cn/msp/tlscacerts/tlsca.university.cn-cert.pem

　　#使用 org3 身份,使用了配置脚本

　　source ./useOrg3.sh

　　sleep 3

../bin/peer channel update -o localhost:7050 --ordererTLSHostnameOverride orderer.university.cn -c channel1 -f ./channel-artifacts/Org3MSPanchors.tx --tls true --cafile
$ORDERER_CA

正常运行可以看到如下结果:

[channelCmd] InitCmdFactory - > INFO 001 Endorser and orderer connections initialized

[channelCmd] update -> INFO 002 Successfully submitted channel update

此时,创建 channel、加入 channel、配置 anchor peer 的步骤就已全部完成。需要注意的是,为了简化操作,不进入每个 peer 的容器环境中进行操作,而是通过授予节点操作权限,利用客户端(本机)配置各个节点。

5.4.5　安装和执行链码

链码的安装执行需要如下步骤:打包源代码(chaincode package),在节点安装(chaincode install),验证链码(chaincode approveformyorg),提交至链(chaincode commit)。这些步骤均使用 peer lifecycle chaincode 的上下文进行操作,顾名思义即为"链码生命周期"相关。

../bin/peer lifecycle chaincode

Perform chaincode operations: package | install | queryinstalled | getinstalledpackage | approveformyorg | checkcommitreadiness | commit | querycommitted

　Usage:
　　peer lifecycle chaincode [command]

　Available Commands:
　　approveformyorg　　　Approve the chaincode definition for my org.
　　checkcommitreadiness Check whether a chaincode definition is ready to be committed on a channel.
　　commit　　　　　　　Commit the chaincode definition on the channel.
　　getinstalledpackage　Get an installed chaincode package from a peer.
　　install　　　　　　　Install a chaincode.
　　package　　　　　　Package a chaincode
　　querycommitted　　　Query the committed chaincode definitions by channel on a peer.
　　queryinstalled　　　Query the installed chaincodes on a peer.

执行(chaincode invoke)、查询结果(chaincode query)等均使用 peer chaincode 的上下文进行操作。

../bin/peer chaincode

Operate a chaincode: install | instantiate | invoke | package | query | signpackage | upgrade | list.

　Usage:
　　peer chaincode [command]

　Available Commands:
　　install　　　Install a chaincode.
　　instantiate　Deploy the specified chaincode to the network.
　　invoke　　　Invoke the specified chaincode.
　　list　　　　Get the instantiated chaincodes on a channel or installed

chaincodes on a peer.

package	Package a chaincode
query	Query using the specified chaincode.
signpackage	Sign the specified chaincode package
upgrade	Upgrade chaincode.

下面分步骤介绍链码的安装和执行。

一、打包源代码

本书使用 Fabric 自带的链码 fabcar 进行介绍，在链码开发完成后，需要打包才能安装至各个节点。这里以 Org1 身份执行。

```
＃使用 org1 身份，使用了配置脚本
source ./useOrg1.sh
../bin/peer lifecycle chaincode package fabcar.tar.gz --path ../chaincode/fabcar/go/ --lang golang --label fabcar_1
```

正常运行将在执行目录生成打包好的 fabcar.tar.gz 文件，解压后结构如下，其中 code.tar.gz 包含源代码和依赖的库文件。

```
fabcar
├── code.tar.gz
└── metadata.json
```

二、安装

需要将打包后的链码安装在 3 个节点中，以各节点身份在各节点中执行。

```
＃使用 org1 身份，使用了配置脚本
source ./useOrg1.sh
../bin/peer lifecycle chaincode install fabcar.tar.gz

＃使用 org2 身份，使用了配置脚本
source ./useOrg2.sh
../bin/peer lifecycle chaincode install fabcar.tar.gz

＃使用 org3 身份，使用了配置脚本
source ./useOrg3.sh
../bin/peer lifecycle chaincode install fabcar.tar.gz
```

正常运行可以看到如下结果，节点会生成一致的标识码返回，重复执行效果相同。

```
[cli.lifecycle.chaincode] submitInstallProposal -> INFO 001 Installed remotely：response：< status：200 payload："\nIfabcar_1：21bc27b308ee961178d51a4fbd540263472d40414d5cbdd5d17b18da0f62db90\022\010fabcar_1" >
[cli.lifecycle.chaincode] submitInstallProposal -> INFO 002 Chaincode code
```

package identifier：fabcar_1：21bc27b308ee961178d51a4fbd540263472d40414d5cbdd5d17b18da0f62db90

可以通过 peer lifecycle chaincode queryinstalled 查询节点上已安装的链码。例如，

♯使用 org3 身份，使用了配置脚本

source ./useOrg3.sh

../bin/peer lifecycle chaincode queryinstalled

正常运行可以看到节点安装的链码包，包括 ID 和 Label。

Installed chaincodes on peer：

Package ID：

fabcar_1：21bc27b308ee961178d51a4fbd540263472d40414d5cbdd5d17b18da0f62db90，

Label：fabcar_1

三、验证并提交

安装完成后如果检查确认安装的链码无误，即可进行向排序节点发布验证信息的动作，需要依赖安装步骤所生成的 ID。

export PACKAGE _ ID = 21bc27b308ee961178d51a4fbd540263472d40414d5cbdd5d17b18da0f62db90

export ORDERER _ CA = ${PWD}/organizations/ordererOrganizations/university.cn/orderers/orderer.university.cn/msp/tlscacerts/tlsca.university.cn-cert.pem

♯使用 org1 身份，使用了配置脚本

source ./useOrg1.sh

../bin/peer lifecycle chaincode approveformyorg -o localhost：7050 --ordererTLSHostnameOverride orderer.university.cn --tls true --cafile $ORDERER _ CA --channelID channel1 --name fabcar --version 1 --init-required --package-id ${ PACKAGE _ ID } --sequence 1

正常运行可以看到生成 VALID 的交易结果信息。

［chaincodeCmd］ClientWait → INFO 001 txid［6ba9ff5e0f16ec8c0bcf3aa47b3ba729270466a4977811c94279a7ed519e67c9］committed with status（VALID）at

这里仅在 Org1 提交，随后在不同节点均可检查提交状态。

♯使用 org1 身份，使用了配置脚本

source ./useOrg1.sh

../bin/peer lifecycle chaincode checkcommitreadiness --channelID channel1 --name fabcar --version 1 --sequence 1 --init-required

正常运行可以看到针对特定的链码不同组织的验证状态。根据区块链的特性，在不同节点的运行结果是完全相同的。

chaincode definition for chaincode 'fabcar'，version '1'，sequence '1' on channel

'channel1' approval status by org：

　　Org1MSP：true

　　Org2MSP：false

　　Org3MSP：false

　　当在 3 个节点均验证后，结果将变成全部通过。根据区块链的特性，部分通过也可能意味着链码得到允许运行，不在此详细叙述。

　　export PACKAGE_ID = 21bc27b308ee961178d51a4fbd540263472d40414d5cbdd5d17b18da0f62db90

　　export ORDERER_CA = ${PWD}/organizations/ordererOrganizations/university.cn/orderers/orderer.university.cn/msp/tlscacerts/tlsca.university.cn-cert.pem

　　#使用 org2 身份，使用了配置脚本

　　source ./useOrg2.sh

　　../bin/peer lifecycle chaincode approveformyorg -o localhost：7050 --ordererTLSHostnameOverride orderer.university.cn --tls true --cafile $ORDERER_CA --channelID channel1 --name fabcar --version 1 --init-required --package-id ${PACKAGE_ID} --sequence 1

　　export PACKAGE_ID = 21bc27b308ee961178d51a4fbd540263472d40414d5cbdd5d17b18da0f62db90

　　export ORDERER_CA = ${PWD}/organizations/ordererOrganizations/university.cn/orderers/orderer.university.cn/msp/tlscacerts/tlsca.university.cn-cert.pem

　　#使用 org3 身份，使用了配置脚本

　　source ./useOrg3.sh

　　../bin/peer lifecycle chaincode approveformyorg -o localhost：7050 --ordererTLSHostnameOverride orderer.university.cn --tls true --cafile $ORDERER_CA --channelID channel1 --name fabcar --version 1 --init-required --package-id ${PACKAGE_ID} --sequence 1

　　当 3 个组织均验证后，即可进行提交（commit）的步骤。

　　Chaincode definition for chaincode 'fabcar', version '1', sequence '1' on channel 'channel1' approval status by org：

　　Org1MSP：true

　　Org2MSP：true

　　Org3MSP：true

　　未提交前，先检查提交状态。

　　#使用 org1 身份，使用了配置脚本

　　source ./useOrg1.sh

　　../bin/peer lifecycle chaincode querycommitted --channelID channel1 --name fabcar

　　将产生错误信息，结果如下：

Error：query failed with status：404 - namespace fabcar is not defined

提交的指令略有不同，如下所示：

＃CA 证书

export ORDERER_CA = ${PWD}/organizations/ordererOrganizations/university.cn/ordereres/orderer.university.cn/msp/tlscacerts/tlsca.university.cn-cert.pem

export PEER0_ORG1_CA = ${PWD}/organizations/peerOrganizations/org1.university.cn/peers/peer0.org1.university.cn/tls/ca.crt

export PEER0_ORG2_CA = ${PWD}/organizations/peerOrganizations/org2.university.cn/peers/peer0.org2.university.cn/tls/ca.crt

export PEER0_ORG3_CA = ${PWD}/organizations/peerOrganizations/org3.university.cn/peers/peer0.org3.university.cn/tls/ca.crt

＃节点地址

export PEER0_ORG1_ADDRESS = localhost：7051

export PEER0_ORG2_ADDRESS = localhost：9051

export PEER0_ORG3_ADDRESS = localhost：11051

＃使用 org1 身份，使用了配置脚本

source ./useOrg1.sh

../bin/peer lifecycle chaincode commit -o localhost：7050 --ordererTLSHostnameOverride orderer.university.cn --tls true --cafile $ORDERER_CA --channelID channel1 --name fabcar --peerAddresses $PEER0_ORG1_ADDRESS --tlsRootCertFiles $PEER0_ORG1_CA--peerAddresses $PEER0_ORG2_ADDRESS --tlsRootCertFiles $PEER0_ORG2_CA--peerAddresses $PEER0_ORG3_ADDRESS --tlsRootCertFiles $PEER0_ORG3_CA--version 1 --sequence 1 --init-required

成功运行后，信息为

［chaincodeCmd］ClientWait -> INFO 001 txid［bd95a81198e20e025256dc67c364dafcabe324f307492edbd63df418e3190444］committed with status（VALID）at localhost：7051

［chaincodeCmd］ClientWait -> INFO 002 txid［bd95a81198e20e025256dc67c364dafcabe324f307492edbd63df418e3190444］committed with status（VALID）at localhost：9051

［chaincodeCmd］ClientWait -> INFO 003 txid［bd95a81198e20e025256dc67c364dafcabe324f307492edbd63df418e3190444］committed with status（VALID）at localhost：11051

再次检查提交状态。

＃使用 org1 身份，使用了配置脚本

source ./useOrg1.sh

../bin/peer lifecycle chaincode querycommitted --channel ID channel1 --name fabcar

结果如下：

Committed chaincode definition for chaincode 'fabcar' on channel 'channel1'：

Version：1, Sequence：1, Endorsement Plugin：escc, Validation Plugin：vscc,

Approvals：[Org1MSP：true, Org2MSP：true, Org3MSP：true]

此处提交给 3 个节点(仅提交给部分节点也可达到效果,但需要满足区块链的审核策略,如 3 个节点至少存在 2 个),

四、执行

链码执行(invoke)前需要进行初始化动作,以下演示把初始化的动作提交给 3 个节点(必须在所有节点初始化)。

＃CA 证书

export ORDERER_CA = ${PWD}/organizations/ordererOrganizations/university.cn/orderers/orderer.university.cn/msp/tlscacerts/tlsca.university.cn-cert.pem

export PEER0_ORG1_CA = ${PWD}/organizations/peerOrganizations/org1.university.cn/peers/peer0.org1.university.cn/tls/ca.crt

export PEER0_ORG2_CA = ${PWD}/organizations/peerOrganizations/org2.university.cn/peers/peer0.org2.university.cn/tls/ca.crt

export PEER0_ORG3_CA = ${PWD}/organizations/peerOrganizations/org3.university.cn/peers/peer0.org3.university.cn/tls/ca.crt

＃节点地址

export PEER0_ORG1_ADDRESS = localhost:7051

export PEER0_ORG2_ADDRESS = localhost:9051

export PEER0_ORG3_ADDRESS = localhost:11051

＃使用 org1 身份,使用了配置脚本

source ./useOrg1.sh

../bin/peer chaincode invoke -o localhost：7050 --ordererTLSHostnameOverride orderer.university.cn --tls $CORE_PEER_TLS_ENABLED --cafile $ORDERER_CA -C channel1 -n fabcar --peerAddresses $PEER0_ORG1_ADDRESS --tlsRootCertFiles $PEER0_ORG1_CA --peerAddresses $PEER0_ORG2_ADDRESS --tlsRootCertFiles $PEER0_ORG2_CA --peerAddresses $PEER0_ORG3_ADDRESS --tlsRootCertFiles $PEER0_ORG3_CA --isInit -c '{"function":"initLedger","Args":[]}'

结果如下：

[chaincodeCmd] chaincodeInvokeOrQuery -> INFO 001 Chaincode invoke successful. result：status：200

五、查询结果

初始化链码以后,即可对链码进行查询(query)操作。

＃使用 org1 身份,使用了配置脚本

source ./useOrg1.sh

../bin/peer chaincode query -C channel1 -n fabcar -c '{"Args":["queryAllCars"]}'

结果如下：

```
[{"Key":"CAR0","Record":{"make":"Toyota","model":"Prius","colour":"blue",
"owner":"Tomoko"}},{"Key":"CAR1","Record":{"make":"Ford","model":"Mustang",
"colour":"red","owner":"Brad"}},{"Key":"CAR2","Record":{"make":"Hyundai",
"model":"Tucson","colour":"green","owner":"Jin Soo"}},{"Key":"CAR3","Record":
{"make":"Volkswagen","model":"Passat","colour":"yellow","owner":"Max"}},{"Key":
"CAR4","Record":{"make":"Tesla","model":"S","colour":"black","owner":
"Adriana"}},{"Key":"CAR5","Record":{"make":"Peugeot","model":"205","colour":
"purple","owner":"Michel"}},{"Key":"CAR6","Record":{"make":"Chery","model":
"S22L","colour":"white","owner":"Aarav"}},{"Key":"CAR7","Record":{"make":"Fiat",
"model":"Punto","colour":"violet","owner":"Pari"}},{"Key":"CAR8","Record":
{"make":"Tata","model":"Nano","colour":"indigo","owner":"Valeria"}},{"Key":"CAR9",
"Record":{"make":"Holden","model":"Barina","colour":"brown","owner":"Shotaro"}}]
```

在任意节点执行效果相同。

5.4.6　configtx.yaml 源码

```yaml
# Copyright IBM Corp. All Rights Reserved.
#
# SPDX-License-Identifier: Apache-2.0
#

---
################################################################
################################################
#
#   Section: Organizations
#
#   - This section defines the different organizational identities which will
#     be referenced later in the configuration.
#
################################################################
################################################
Organizations:

    # SampleOrg defines an MSP using the sampleconfig.  It should never be used
    # in production but may be used as a template for other definitions
    - &OrdererOrg
        # DefaultOrg defines the organization which is used in the sampleconfig
        # of the fabric.git development environment
        Name: OrdererOrg
```

```
    # ID to load the MSP definition as
    ID: OrdererMSP

    # MSPDir is the filesystem path which contains the MSP configuration
    MSPDir: ../organizations/ordererOrganizations/university.cn/msp

    # Policies defines the set of policies at this level of the config tree
    # For organization policies, their canonical path is usually
    #    /Channel/<Application|Orderer>/<OrgName>/<PolicyName>
    Policies:
        Readers:
            Type: Signature
            Rule: "OR('OrdererMSP.member')"
        Writers:
            Type: Signature
            Rule: "OR('OrdererMSP.member')"
        Admins:
            Type: Signature
            Rule: "OR('OrdererMSP.admin')"

    OrdererEndpoints:
        - orderer.university.cn:7050

- &Org1
    # DefaultOrg defines the organization which is used in the sampleconfig
    # of the fabric.git development environment
    Name: Org1MSP

    # ID to load the MSP definition as
    ID: Org1MSP

    MSPDir: ../organizations/peerOrganizations/org1.university.cn/msp

    # Policies defines the set of policies at this level of the config tree
    # For organization policies, their canonical path is usually
    #    /Channel/<Application|Orderer>/<OrgName>/<PolicyName>
    Policies:
        Readers:
            Type: Signature
            Rule: "OR('Org1MSP.admin', 'Org1MSP.peer', 'Org1MSP.client')"
        Writers:
            Type: Signature
```

```
                    Rule: "OR('Org1MSP.admin', 'Org1MSP.client')"
        Admins:
            Type: Signature
            Rule: "OR('Org1MSP.admin')"
        Endorsement:
            Type: Signature
            Rule: "OR('Org1MSP.peer')"

    # leave this flag set to true.
    AnchorPeers:
        # AnchorPeers defines the location of peers which can be used
        # for cross org gossip communication.  Note, this value is only
        # encoded in the genesis block in the Application section context
        - Host: peer0.org1.university.cn
          Port: 7051

- &Org2
    # DefaultOrg defines the organization which is used in the sampleconfig
    # of the fabric.git development environment
    Name: Org2MSP

    # ID to load the MSP definition as
    ID: Org2MSP

    MSPDir: ../organizations/peerOrganizations/org2.university.cn/msp

    # Policies defines the set of policies at this level of the config tree
    # For organization policies, their canonical path is usually
    #    /Channel/<Application|Orderer>/<OrgName>/<PolicyName>
    Policies:
        Readers:
            Type: Signature
            Rule: "OR('Org2MSP.admin', 'Org2MSP.peer', 'Org2MSP.client')"
        Writers:
            Type: Signature
            Rule: "OR('Org2MSP.admin', 'Org2MSP.client')"
        Admins:
            Type: Signature
            Rule: "OR('Org2MSP.admin')"
        Endorsement:
            Type: Signature
            Rule: "OR('Org2MSP.peer')"
```

```
AnchorPeers:
    # AnchorPeers defines the location of peers which can be used
    # for cross org gossip communication.  Note, this value is only
    # encoded in the genesis block in the Application section context
    - Host: peer0.org2.university.cn
      Port: 9051

- &Org3
    # DefaultOrg defines the organization which is used in the sampleconfig
    # of the fabric.git development environment
    Name: Org3MSP

    # ID to load the MSP definition as
    ID: Org3MSP

    MSPDir: ../organizations/peerOrganizations/org3.university.cn/msp

    # Policies defines the set of policies at this level of the config tree
    # For organization policies, their canonical path is usually
    #     /Channel/<Application|Orderer>/<OrgName>/<PolicyName>
    Policies:
        Readers:
            Type: Signature
            Rule: "OR('Org3MSP.admin', 'Org3MSP.peer', 'Org3MSP.client')"
        Writers:
            Type: Signature
            Rule: "OR('Org3MSP.admin', 'Org3MSP.client')"
        Admins:
            Type: Signature
            Rule: "OR('Org3MSP.admin')"
        Endorsement:
            Type: Signature
            Rule: "OR('Org3MSP.peer')"

    AnchorPeers:
        # AnchorPeers defines the location of peers which can be used
        # for cross org gossip communication.  Note, this value is only
        # encoded in the genesis block in the Application section context
        - Host: peer0.org3.university.cn
          Port: 11051

###################################################################
```

```
################################################
#
#    SECTION: Capabilities
#
#    - This section defines the capabilities of fabric network. This is a new
#    concept as of v1.1.0 and should not be utilized in mixed networks with
#    v1.0.x peers and orderers.  Capabilities define features which must be
#    present in a fabric binary for that binary to safely participate in the
#    fabric network.  For instance, if a new MSP type is added, newer binaries
#    might recognize and validate the signatures from this type, while older
#    binaries without this support would be unable to validate those
#    transactions.  This could lead to different versions of the fabric binaries
#    having different world states.  Instead, defining a capability for a channel
#    informs those binaries without this capability that they must cease
#    processing transactions until they have been upgraded.  For v1.0.x if any
#    capabilities are defined (including a map with all capabilities turned off)
#    then the v1.0.x peer will deliberately crash.
#
################################################
################################################
Capabilities:
    # Channel capabilities apply to both the orderers and the peers and must be
    # supported by both.
    # Set the value of the capability to true to require it.
    Channel: &ChannelCapabilities
        # V2_0 capability ensures that orderers and peers behave according
        # to v2.0 channel capabilities. Orderers and peers from
        # prior releases would behave in an incompatible way, and are therefore
        # not able to participate in channels at v2.0 capability.
        # Prior to enabling V2.0 channel capabilities, ensure that all
        # orderers and peers on a channel are at v2.0.0 or later.
        V2_0: true

    # Orderer capabilities apply only to the orderers, and may be safely
    # used with prior release peers.
    # Set the value of the capability to true to require it.
    Orderer: &OrdererCapabilities
        # V2_0 orderer capability ensures that orderers behave according
        # to v2.0 orderer capabilities. Orderers from
        # prior releases would behave in an incompatible way, and are therefore
```

```
            # not able to participate in channels at v2.0 orderer capability.
            # Prior to enabling V2.0 orderer capabilities, ensure that all
            # orderers on channel are at v2.0.0 or later.
            V2_0: true


    # Application capabilities apply only to the peer network, and may be safely
    # used with prior release orderers.
    # Set the value of the capability to true to require it.
    Application: &ApplicationCapabilities
            # V2_0 application capability ensures that peers behave according
            # to v2.0 application capabilities. Peers from
            # prior releases would behave in an incompatible way, and are therefore
            # not able to participate in channels at v2.0 application capability.
            # Prior to enabling V2.0 application capabilities, ensure that all
            # peers on channel are at v2.0.0 or later.
            V2_0: true


################################################################
################################################
    #
    #   SECTION: Application
    #
    #   - This section defines the values to encode into a config transaction or
    #     genesis block for application related parameters
    #
################################################################
################################################
Application: &ApplicationDefaults

    # Organizations is the list of orgs which are defined as participants on
    # the application side of the network
    Organizations:

    # Policies defines the set of policies at this level of the config tree
    # For Application policies, their canonical path is
    #    /Channel/Application/<PolicyName>
    Policies:
        Readers:
            Type: ImplicitMeta
            Rule: "ANY Readers"
        Writers:
```

```
                    Type：ImplicitMeta
                    Rule："ANY Writers"
                Admins：
                    Type：ImplicitMeta
                    Rule："MAJORITY Admins"
                LifecycleEndorsement：
                    Type：ImplicitMeta
                    Rule："MAJORITY Endorsement"
                Endorsement：
                    Type：ImplicitMeta
                    Rule："MAJORITY Endorsement"

        Capabilities：
            ≪：＊ApplicationCapabilities
    ################################################
################################################
    #
    #    SECTION：Orderer
    #
    #    - This section defines the values to encode into a config transaction or
    #    genesis block for orderer related parameters
    #
    ################################################
################################################
    Orderer：&OrdererDefaults

        # Orderer Type：The orderer implementation to start
        OrdererType：etcdraft

        EtcdRaft：
            Consenters：
            - Host：orderer.university.cn
                Port：7050
    ClientTLSCert：../organizations/ordererOrganizations/university.cn/orderers/
orderer.university.cn/tls/server.crt
    ServerTLSCert：../organizations/ordererOrganizations/university.cn/orderers/
orderer.university.cn/tls/server.crt

        # Batch Timeout：The amount of time to wait before creating a batch
        BatchTimeout：2s

        # Batch Size：Controls the number of messages batched into a block
```

```
BatchSize:

        # Max Message Count: The maximum number of messages to permit in a batch
        MaxMessageCount: 10

        # Absolute Max Bytes: The absolute maximum number of bytes allowed for
        # the serialized messages in a batch.
        AbsoluteMaxBytes: 99 MB

        # Preferred Max Bytes: The preferred maximum number of bytes allowed for
        # the serialized messages in a batch. A message larger than the preferred
        # max bytes will result in a batch larger than preferred max bytes.
        PreferredMaxBytes: 512 KB

    # Organizations is the list of orgs which are defined as participants on
    # the orderer side of the network
    Organizations:

    # Policies defines the set of policies at this level of the config tree
    # For Orderer policies, their canonical path is
    #    /Channel/Orderer/<PolicyName>
    Policies:
        Readers:
            Type: ImplicitMeta
            Rule: "ANY Readers"
        Writers:
            Type: ImplicitMeta
            Rule: "ANY Writers"
        Admins:
            Type: ImplicitMeta
            Rule: "MAJORITY Admins"
            # BlockValidation specifies what signatures must be included in the
block
        # from the orderer for the peer to validate it.
        BlockValidation:
            Type: ImplicitMeta
            Rule: "ANY Writers"

    ################################################################
    ################################################################
    #
    #    CHANNEL
```

```
#
#    This section defines the values to encode into a config transaction or
#    genesis block for channel related parameters.
#
###############################################################
###########################################################
Channel: &ChannelDefaults
    # Policies defines the set of policies at this level of the config tree
    # For Channel policies, their canonical path is
    #    /Channel/<PolicyName>
    Policies:
        # Who may invoke the 'Deliver' API
        Readers:
            Type: ImplicitMeta
            Rule: "ANY Readers"
        # Who may invoke the 'Broadcast' API
        Writers:
            Type: ImplicitMeta
            Rule: "ANY Writers"
        # By default, who may modify elements at this config level
        Admins:
            Type: ImplicitMeta
            Rule: "MAJORITY Admins"

    # Capabilities describes the channel level capabilities, see the
    # dedicated Capabilities section elsewhere in this file for a full
    # description
    Capabilities:
        <<: *ChannelCapabilities

###############################################################
###########################################################
#
#    Profile
#
#    - Different configuration profiles may be encoded here to be specified
#    as parameters to the configtxgen tool
#
###############################################################
###########################################################
Profiles:
```

```
        ThreeOrgsOrdererGenesis:
        <<: *ChannelDefaults
        Orderer:
            <<: *OrdererDefaults
            Organizations:
                - *OrdererOrg
            Capabilities:
                <<: *OrdererCapabilities
        Consortiums:
            ThreeConsortium:
                Organizations:
                    - *Org1
                    - *Org2
                    - *Org3
    ThreeOrgsChannel:
        Consortium: ThreeConsortium
        <<: *ChannelDefaults
        Application:
            <<: *ApplicationDefaults
            Organizations:
                - *Org1
                - *Org2
                - *Org3
            Capabilities:
                <<: *ApplicationCapabilities
```

5.4.7　docker-compose.yaml 源码

```
# Copyright IBM Corp. All Rights Reserved.
#
# SPDX-License-Identifier: Apache-2.0
#

version: '2'

volumes:
  orderer.university.cn:
  peer0.org1.university.cn:
  peer0.org2.university.cn:
  peer0.org3.university.cn:
```

```
networks:
  university:

services:

  orderer.university.cn:
    container_name: orderer.university.cn
    image: hyperledger/fabric-orderer:latest
    environment:
      - FABRIC_LOGGING_SPEC = INFO
      - ORDERER_GENERAL_LISTENADDRESS = 0.0.0.0
      - ORDERER_GENERAL_LISTENPORT = 7050
      - ORDERER_GENERAL_GENESISMETHOD = file
      - ORDERER_GENERAL_GENESISFILE = /var/hyperledger/orderer/orderer.genesis.block
      - ORDERER_GENERAL_LOCALMSPID = OrdererMSP
      - ORDERER_GENERAL_LOCALMSPDIR = /var/hyperledger/orderer/msp
      # enabled TLS
      - ORDERER_GENERAL_TLS_ENABLED = true
      - ORDERER_GENERAL_TLS_PRIVATEKEY = /var/hyperledger/orderer/tls/server.key
      - ORDERER_GENERAL_TLS_CERTIFICATE = /var/hyperledger/orderer/tls/server.crt
      - ORDERER_GENERAL_TLS_ROOTCAS = [/var/hyperledger/orderer/tls/ca.crt]
      - ORDERER_KAFKA_TOPIC_REPLICATIONFACTOR = 1
      - ORDERER_KAFKA_VERBOSE = true
      - ORDERER_GENERAL_CLUSTER_CLIENTCERTIFICATE = /var/hyperledger/orderer/tls/server.crt
      - ORDERER_GENERAL_CLUSTER_CLIENTPRIVATEKEY = /var/hyperledger/orderer/tls/server.key
      - ORDERER_GENERAL_CLUSTER_ROOTCAS = [/var/hyperledger/orderer/tls/ca.crt]
    working_dir: /opt/gopath/src/github.com/hyperledger/fabric
    command: orderer
    volumes:
      - ./system- genesis-block/genesis. block:/var/hyperledger/orderer/orderer.genesis.block
      - ./organizations/ordererOrganizations/university.cn/orderers/orderer.university.cn/msp:/var/hyperledger/orderer/msp
      - ./organizations/ordererOrganizations/university.cn/orderers/orderer.university.cn/tls/:/var/hyperledger/orderer/tls
      - orderer.university.cn:/var/hyperledger/production/orderer
    ports:
      - 7050:7050
```

```
    networks:
      - university

  peer0.org1.university.cn:
      container_name: peer0.org1.university.cn
      image: hyperledger/fabric-peer:latest
      environment:
        #Generic peer variables
        - CORE_VM_ENDPOINT=unix:///host/var/run/docker.sock
        # the following setting starts chaincode containers on the same
        # bridge network as the peers
        # https://docs.docker.com/compose/networking/
        - CORE_VM_DOCKER_HOSTCONFIG_NETWORKMODE=${COMPOSE_PROJECT_NAME}_university
        - FABRIC_LOGGING_SPEC=INFO
        #- FABRIC_LOGGING_SPEC=DEBUG
        - CORE_PEER_TLS_ENABLED=true
        - CORE_PEER_GOSSIP_USELEADERELECTION=true
        - CORE_PEER_GOSSIP_ORGLEADER=false
        - CORE_PEER_PROFILE_ENABLED=true
        - CORE_PEER_TLS_CERT_FILE=/etc/hyperledger/fabric/tls/server.crt
        - CORE_PEER_TLS_KEY_FILE=/etc/hyperledger/fabric/tls/server.key
        - CORE_PEER_TLS_ROOTCERT_FILE=/etc/hyperledger/fabric/tls/ca.crt
        # Peer specific variabes
        - CORE_PEER_ID=peer0.org1.university.cn
        - CORE_PEER_ADDRESS=peer0.org1.university.cn:7051
        - CORE_PEER_LISTENADDRESS=0.0.0.0:7051
        - CORE_PEER_CHAINCODEADDRESS=peer0.org1.university.cn:7052
        - CORE_PEER_CHAINCODELISTENADDRESS=0.0.0.0:7052
        - CORE_PEER_GOSSIP_BOOTSTRAP=peer0.org1.university.cn:7051
        - CORE_PEER_GOSSIP_EXTERNALENDPOINT=peer0.org1.university.cn:7051
        - CORE_PEER_LOCALMSPID=Org1MSP
      volumes:
          - /var/run/:/host/var/run/
    - ./organizations/peerOrganizations/org1.university.cn/peers/peer0.org1.university.cn/
msp:/etc/hyperledger/fabric/msp
    - ./organizations/peerOrganizations/org1.university.cn/peers/peer0.org1.university.cn/
tls:/etc/hyperledger/fabric/tls
          - peer0.org1.university.cn:/var/hyperledger/production
      working_dir: /opt/gopath/src/github.com/hyperledger/fabric/peer
      command: peer node start
```

```
      ports:
        - 7051:7051
      networks:
        - university

  peer0.org2.university.cn:
      container_name: peer0.org2.university.cn
      image: hyperledger/fabric-peer:latest
      environment:
        #Generic peer variables
        - CORE_VM_ENDPOINT=unix:///host/var/run/docker.sock
        # the following setting starts chaincode containers on the same
        # bridge network as the peers
        # https://docs.docker.com/compose/networking/
        - CORE_VM_DOCKER_HOSTCONFIG_NETWORKMODE = ${COMPOSE_PROJECT_NAME}_university
        - FABRIC_LOGGING_SPEC = INFO
        #- FABRIC_LOGGING_SPEC = DEBUG
        - CORE_PEER_TLS_ENABLED = true
        - CORE_PEER_GOSSIP_USELEADERELECTION = true
        - CORE_PEER_GOSSIP_ORGLEADER = false
        - CORE_PEER_PROFILE_ENABLED = true
        - CORE_PEER_TLS_CERT_FILE = /etc/hyperledger/fabric/tls/server.crt
        - CORE_PEER_TLS_KEY_FILE = /etc/hyperledger/fabric/tls/server.key
        - CORE_PEER_TLS_ROOTCERT_FILE = /etc/hyperledger/fabric/tls/ca.crt
        # Peer specific variabes
        - CORE_PEER_ID = peer0.org2.university.cn
        - CORE_PEER_ADDRESS = peer0.org2.university.cn:9051
        - CORE_PEER_LISTENADDRESS = 0.0.0.0:9051
        - CORE_PEER_CHAINCODEADDRESS = peer0.org2.university.cn:9052
        - CORE_PEER_CHAINCODELISTENADDRESS = 0.0.0.0:9052
        - CORE_PEER_GOSSIP_EXTERNALENDPOINT = peer0.org2.university.cn:9051
        - CORE_PEER_GOSSIP_BOOTSTRAP = peer0.org2.university.cn:9051
        - CORE_PEER_LOCALMSPID = Org2MSP
      volumes:
          - /var/run/:/host/var/run/
    - ./organizations/peerOrganizations/org2. university. cn/peers/peer0. org2. university.cn/msp:/etc/hyperledger/fabric/msp
    - ./organizations/peerOrganizations/org2. university. cn/peers/peer0. org2. university.cn/tls:/etc/hyperledger/fabric/tls
          - peer0.org2.university.cn:/var/hyperledger/production
```

```
       working_dir: /opt/gopath/src/github.com/hyperledger/fabric/peer
       command: peer node start
       ports:
         - 9051:9051
       networks:
         - university

   peer0.org3.university.cn:
       container_name: peer0.org3.university.cn
       image: hyperledger/fabric-peer:latest
       environment:
           #Generic peer variables
           - CORE_VM_ENDPOINT = unix:///host/var/run/docker.sock
           # the following setting starts chaincode containers on the same
           # bridge network as the peers
           # https://docs.docker.com/compose/networking/
           -CORE_VM_DOCKER_HOSTCONFIG_NETWORKMODE = ${COMPOSE_PROJECT_NAME}_university
           - FABRIC_LOGGING_SPEC = INFO
           #- FABRIC_LOGGING_SPEC = DEBUG
           - CORE_PEER_TLS_ENABLED = true
           - CORE_PEER_GOSSIP_USELEADERELECTION = true
           - CORE_PEER_GOSSIP_ORGLEADER = false
           - CORE_PEER_PROFILE_ENABLED = true
           - CORE_PEER_TLS_CERT_FILE = /etc/hyperledger/fabric/tls/server.crt
           - CORE_PEER_TLS_KEY_FILE = /etc/hyperledger/fabric/tls/server.key
           - CORE_PEER_TLS_ROOTCERT_FILE = /etc/hyperledger/fabric/tls/ca.crt
           # Peer specific variabes
           - CORE_PEER_ID = peer0.org3.university.cn
           - CORE_PEER_ADDRESS = peer0.org3.university.cn:11051
           - CORE_PEER_LISTENADDRESS = 0.0.0.0:11051
           - CORE_PEER_CHAINCODEADDRESS = peer0.org3.university.cn:11052
           - CORE_PEER_CHAINCODELISTENADDRESS = 0.0.0.0:11052
           - CORE_PEER_GOSSIP_EXTERNALENDPOINT = peer0.org3.university.cn:11051
           - CORE_PEER_GOSSIP_BOOTSTRAP = peer0.org3.university.cn:11051
           - CORE_PEER_LOCALMSPID = Org3MSP
       volumes:
             - /var/run/:/host/var/run/
     - ./organizations/peerOrganizations/org3.university.cn/peers/peer0.org3.university.cn/
msp:/etc/hyperledger/fabric/msp
     - ./organizations/peerOrganizations/org3.university.cn/peers/peer0.org3.university.cn/
```

```
tls:/etc/hyperledger/fabric/tls
        - peer0.org3.university.cn:/var/hyperledger/production
    working_dir：/opt/gopath/src/github.com/hyperledger/fabric/peer
    command：peer node start
    ports：
      - 11051:11051
    networks：
      - university
```

思考题

1. 设计基于 Fabric 的跨校图书馆。

项目背景：每个高校都有自己的读书馆，但是这些图书馆只向本校学生开放，不利于知识传播。请思考如何在 Fabric 的基础上搭建一个高校与高校之间的图书共享平台，在高校之间共同组成一个联盟链。

图书在版编目(CIP)数据

区块链技术基础与实践/刘百祥,阚海斌编著. —上海：复旦大学出版社，2020.9
ISBN 978-7-309-15308-8

Ⅰ.①区… Ⅱ.①刘…②阚… Ⅲ.①区块链技术 Ⅳ.①TP311.135.9

中国版本图书馆 CIP 数据核字(2020)第 159035 号

区块链技术基础与实践
刘百祥 阚海斌 编著
责任编辑/梁 玲

复旦大学出版社有限公司出版发行
上海市国权路 579 号 邮编：200433
网址：fupnet@ fudanpress. com http://www. fudanpress. com
门市零售：86-21-65102580   团体订购：86-21-65104505
外埠邮购：86-21-65642846   出版部电话：86-21-65642845
上海四维数字图文有限公司

开本 787×1092   1/16   印张 12   字数 307 千
2020 年 9 月第 1 版第 1 次印刷

ISBN 978-7-309-15308-8/T · 684
定价：39.00 元

如有印装质量问题,请向复旦大学出版社有限公司出版部调换。
版权所有   侵权必究